黃金比例的祕密

存在於藝術、設計與自然中的神聖數字

THE GOLDEN RATIO

The Divine Beauty of Mathematics

RAFAEL ARAUJO

ME FECIT

X MMXVI

黃金比例的祕密

存在於藝術、設計與自然中的神聖數字

THE GOLDEN RATIO
The Divine Beauty of Mathematics

蓋瑞‧邁斯納（Gary B. Meisner） 著

「黃金數字」網站（Goldennumber.net）創辦人
黃金比例設計分析軟體PhiMatrix開發者

李嬋 譯

黃金比例的祕密

存在於藝術、設計與自然中的神聖數字
The Golden Ratio: The Divine Beauty of Mathematics

作者	蓋瑞・邁斯納（Gary B. Meisner）
繪者	拉斐爾・阿勞霍（Rafael Araujo）
譯者	李婳
執行編輯	顏好安
行銷企劃	劉妍伶
版面構成	賴姵伶
發行人	王榮文
出版發行	遠流出版事業股份有限公司
地址	臺北市南昌路2段81號6樓
客服電話	02-2392-6899
傳真	02-2392-6658
郵撥	0189456-1
著作權顧問	蕭雄淋律師

2021年3月1日　初版一刷

定價新台幣430元

有著作權・侵害必究

ISBN　978-957-32-8864-0

遠流博識網　http://www.ylib.com

E-mail: ylib@ylib.com

（如有缺頁或破損，請寄回更換）

國家圖書館出版品預行編目(CIP)資料

黃金比例的祕密：存在於藝術、設計與自然中的神聖數字 / 蓋瑞.邁斯納(Gary B. Meisner)著；
拉斐爾.阿勞霍(Rafael Araujo)繪. -- 初版. -- 臺北市：遠流, 2021.3
面；　公分
譯自：The golden ratio : the divine beauty of mathematics
ISBN 978-957-32-8864-0(平裝)

1.幾何 2.比例

316　　　　109013247

印刷地：中國

CONTENTS
目錄

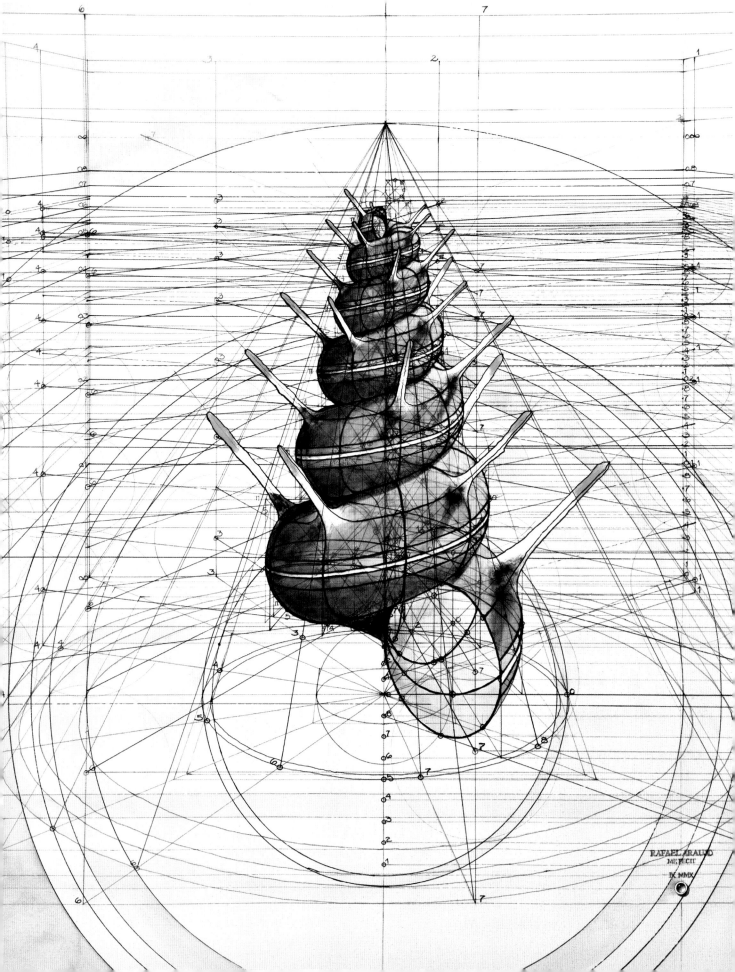

RAFAEL ARAUJO
ME FECIT
IX MMX

前言

是什麼讓一個數字如此吸引人，讓它超過兩千年以來一直存在於我們的想像中？是什麼讓一個數字如此普遍，不管在古希臘數學家的著作、宇宙學家革命性的思考、二十世紀建築師的設計，抑或是暢銷驚悚小說翻拍的強檔電影陰謀中，你都能找到它？是什麼讓它無處不在，竟能同時出現在古代世界最偉大的建築物、歷史上最傑出的文藝復興時期大師的繪畫，以及最近發現的準晶體礦物的原子排列中？是什麼讓它如此具有爭議性，在它的出現和應用上竟產生了相互矛盾的說法？

✷ ✷ ✷

你可能會想，或者已經有人跟你說：證據已經水落石出，解答也已經被找到，這些爭議已經結束了。「黃金比例」並不是一個新話題，自古以來就有很多關於黃金比例的文章，還能有什麼新發現呢？但答案可能會讓你吃驚。幸運的是，技術與知識日新月異、不斷增加，持續提供我們前所未及的新資訊。正如DNA的新技術可以揭示新的真相，完全推翻刑事案件的原有判決；新技術也提供了我們資訊與工具，告訴我們過去的某項判決其實缺乏完整性和準確性。我們也要推翻一些過去的「定罪」——這裡指的不是對監獄裡重刑犯的定罪，而是深植我們心中的定見。定見也是一種監獄，直到我們從不同的角度去看世界前，我們往往無從得知自己的思想是如何被禁錮的。

網際網路就是讓我們蒐集判斷證據的新工具，包括使用更快速計算技術的新軟體，以及日益成長中的全球網路社群，人們會在上面提供資訊。1997年，只有11%的已開發國家和全球2%的人口使用網際網路。[1]而到了2004年，大多數美國用戶仍是透過撥接方式上網，[2]維基百科（Wikipedia）的文章數量還不到2017年的5%。[3]2001年，我創立了「黃金數字」網站（GoldenNumber.net），隨後在2004年，又推出了PhiMatrix軟體，這個軟體僅需花上幾秒就能分析數位圖檔。現在，有大量複雜的圖檔等待我們去研究，其中有許多是我們在近五到十年才獲得的高解析度圖檔。書中將與大家分享的許多見解，都來自於上述網站和軟體世界各地使用者的貢獻，他們在此之前並沒有相互聯繫的管道。因此，我們可以說，那些在一二十年前所提出的見解、證據和結論，現在完全有可能被證明是不完整的。而且我們可以猜測，再過十到二十年，我們到時能掌握的技術和資訊又會帶來新的見解，而且連在我下筆的這個時刻都難以去想像。

　　無論你是數學家、設計師、φ迷，還是φ懷疑論者，我都期盼你能在這本書中找到一些嶄新、有趣且豐富的資訊，並我希望本書能讓你願意挑戰以全新的方式看待及應用這個數字。我也希望，在我們接下來穿越時空的旅行中，能點燃各位讀者心中的火焰，去探索這個無處不在的數字所擁有的非同尋常的、獨特的數學特性。在各個時代，這個數字曾被冠以不同的名稱，為歷史上許多偉大人物帶來靈感和思考。

一張約公元100年的莎草紙，發現於埃及俄克喜林庫斯（Oxyrhynchus）。上面有歐幾里得《幾何原本》（Element）第二卷中的一個圖形，提到了「中末比」（extreme and mean ratio）。

什麼是 ϕ？

　　讓我們以對這個有趣數字的基礎認識開啟本書的發現之旅，去瞭解歷史上有哪些人的生活受到它影響、探索它出現在哪裡，以及千百年來人們是如何使用它。黃金比例是一個無理數，小數點後面跟著無限個數字，通常簡潔表示為1.618。這個位數對於我們會用到的實際用途已經足夠精確，寫起來快速省力，列印時也能節省後面無限的數字。我們所熟悉的數字3.14，是用來表示圓的圓周與直徑比例，並以希臘字母 π（pi）來表示。同樣地，1.618則是以另一個希臘字母 ϕ（phi）來表示。不過在不同歷史時期，它也有過不同的名字。在數學圈中，有時會用希臘字母 τ（tau）表示。而如今，最常見的名稱就是「黃金比例」，近代也稱為 「黃金數字」「黃金比率」「中末比」「黃金分割」等。在更早期的時候，黃金比例甚至被描述為一個「神聖」的比例。

　　這個「神聖」「黃金」數字擁有獨特的數學屬性，頻繁出現於幾何學和自然界中。幾乎所有人都在學校裡學過 π 這個數字，但相對來說，只有很少的課程會涉及 ϕ，所以大部分人可能不知道大寫希臘字母 Φ 通常代表1.618，而小寫字母 ϕ 則表示其倒數，1/1.618或0.618。部分原

黃金比例為什麼是「黃金」比例？

黃金比例直到十九世紀才被冠上「黃金」之名。現在普遍認為，是德國數學家馬丁·歐姆（Martin Ohm，1792–1872）於1835年出版《純粹初等數學》（Die Reine Elementar-Mathematik）第二版時，首次使用了「黃金」一詞。他在一條註腳中使用「黃金分割」（goldener schnitt）來指稱這個概念。[4]英語中的「黃金比例」一詞（golden ratio）首次出現則是在1875年《大英百科全書》（Encyclopedia Britannica）中所收錄，詹姆斯·薩利（James Sulley）所寫的一篇美學相關文章中。直到蘇格蘭數學家喬治·克里斯托（George Chrystal）於1898年出版《代數導論》（Introduction to Algebra），這個術語才出現在數學領域中。[5]

因可能在於 ϕ 的各種表現形式已經使其超越學術領域，涉及到某種「神聖」的精神領域了。的確，ϕ 揭示了一個設計上異常頻繁出現的常量，適用於生活、藝術和建築各種層面。不過在這裡，讓我們從關於 ϕ 的最簡單知識開始，這個術語才出現在數學領域中。[5]

據歷史記載，古希臘數學家歐幾里得（Euclid）在其數學專著《幾何原本》第六卷中對黃金比例進行了最早的——或許也是最好的——描述：

「將一直線按中末比分割，則該直線全長和分割後較長線段之比，會等於較長線段和較短線段之比。」[6]

那麼，這其中的奧妙何在呢？我們舉例說明。假設請你將一條直線分割，你可以選擇從很多不同的位置分割。如果你從中間分割，會得到如下結果：

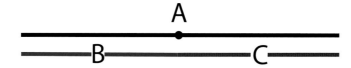

整條線段長度為1。我們稱之為線段A。
第一段長度為½。我們稱之為線段B。
第二段長度也是½。我們稱之為線段C。

在這裡，A與B的比例是**2：1**，B與C的比例是**1：1**。

接著換個方式重新分割這條線段。這次將它假想成是要分給你（B）跟我（C）的一個東西，例如一條巧克力。我只想拿三分之一，因為我人就是這麼好。所以：

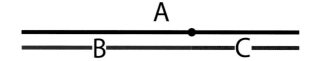

整條線段A的長度仍為1。
較長的線段B長度為⅔。
較短的線段C長度為⅓。

在這邊A與B的比例為**3：2**，你的那段（B）與我的那段（C）的比例為**2：1**。

如果我只拿四分之一，上述比例就會變成**4：3**和**3：1**。如果我只拿百分之十，那麼比例就是**10：9**和**9：1**。

　　當我們在不同的位置分割線段，就會得到各種A與B之間不同的比值，而且永遠不會等於B與C的比值⋯⋯直到我們在某一個獨特的點上進行分割——也就是讓歐幾里得在兩千年前發出驚歎的那一點。在那個平衡點上，我們可以發現：A與B的比是1.618比1，B與C的比同時也是1.618比1！

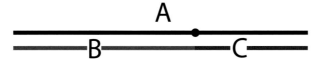

　　這就是黃金比例的特性之一：整條線段（A）與較長線段（B）的比，會等於較長線段（B）與較短線段（C）的比。也就是說：

$$A / B = B / C$$

　　ϕ 還有許多其他的獨特數學特性。例如，它是唯一一個倒數為自身減1的數，因為1／1.618＝0.618。用更清楚優雅的公式來表示，即為：

$$1 / \Phi = \Phi - 1$$

　　ϕ 還是唯一一個平方為自身加1的數，因為$1.618^2 = 2.618$，也就是：

$$\Phi^2 = \Phi + 1$$

　　為了讓大家進一步理解，ϕ 和它的數學屬性為何具備了其他數學以外的有趣特性，我想向大家介紹PhiMatrix——一款我在2004年開發，並在2009年發布新版本的軟體。我在54歲時開始學習物件導向程式設計，就是為了要打造出這個程式。目前在全世界70多個國家，有成千上萬才華橫溢的藝術家、設計師、攝影師等相關從業者都是這個程式的使用者。PhiMatrix可以輕鬆幫你找出黃金比例，並應用在你螢幕上的任何圖像上。舉例來

說，想想我們剛才根據黃金比例分割的那條線段，我們現在透過PhiMatrix為它加上網格（圖中綠色框線）：

如你所見，綠色分割線會與表示黃金比例的那點相交。是不是一目瞭然呢？你會在這整本書中看到類似的矩形網格，直觀呈現黃金比例的應用。

我們會發現，這個神奇比例的魅力席捲了各行各業，從設計師、數學家到神祕主義者；從醫生、生物學家到投資者。黃金比例普遍存在於自然界，甚至連我們對臉部的美學感知，也都與其有著內在的聯繫。縱觀歷史，許多經典藝術和偉大的建築作品，都會使用黃金比例來創造美感；至今，我們也仍會在平面設計、產品設計、攝影和影片構圖、LOGO標誌、使用者介面等項目中，使用黃金比例來創造視覺上的和諧。有些人甚至認為，在太陽系以及股票市場和外匯兌換的價格和時間變化中，都能找得到黃金比例。

達文西名畫《施洗者聖約翰》（St. John the Baptist，西元1516年）的一部分。分割線顯示出其中存在一些黃金比例。達文西是特意在這幅畫裡體現黃金比例嗎？

有爭議的數字

　　既然這個數字受到如此多的關注，你可能會認為它是一個已經獲得公認的通用常數——應該跟 π 一樣有名。但其實，這是一個有爭議的數字。這個數字在大多數學術機構的課程中通常只會被一語帶過。為什麼呢？

　　事實上，關於這個數字的出現和應用，已經有許多不同的，甚至是相互矛盾的說法被提出。甚至連熟悉該數字的那一小部分人，實際上也對它所知甚少。這背後有什麼不可告人的陰謀？這些人是否敏銳地察覺到其中蘊含著潛在的財富？在這本書中，我會將帶大家瞭解關於這個數字的諸多說法，以及對這些說法的反論，就像懸疑小說或電視劇《CSI犯罪現場》中所演的，對證據抽絲剝繭。不過在這裡，你扮演的是偵探、法官或陪審團的角色。你可以自行決定這些說法是真還是假，是基於數學還是神話。最後，你可能無法確定它是否只是一個相當奇異的巧合，抑或是偉大設計的明證。

　　聽起來是不是很神奇呢？你愈瞭解黃金比例背後的數學，你就愈能欣賞它在自然界和藝術中的展現，也就愈能將它應用到有創造力的藝術表達中，而這種應用擁有真正無窮無盡的可能性。

　　現在，就讓我們開始探索這個廣泛、深刻又迷人的主題。我們將經歷一小段歷史漫步，走近在這段經典故事中扮演了重要角色的幾個人物的生活。

《黃金比例雕塑》（Sacred Golden Ratio Sculpture），奧利佛・布萊迪（Oliver Brady）、卡梅爾・克拉克（Carmel Clark）。這件充滿魅力的作品，設計理念源於本書第145頁介紹的「180度黃金螺線」。

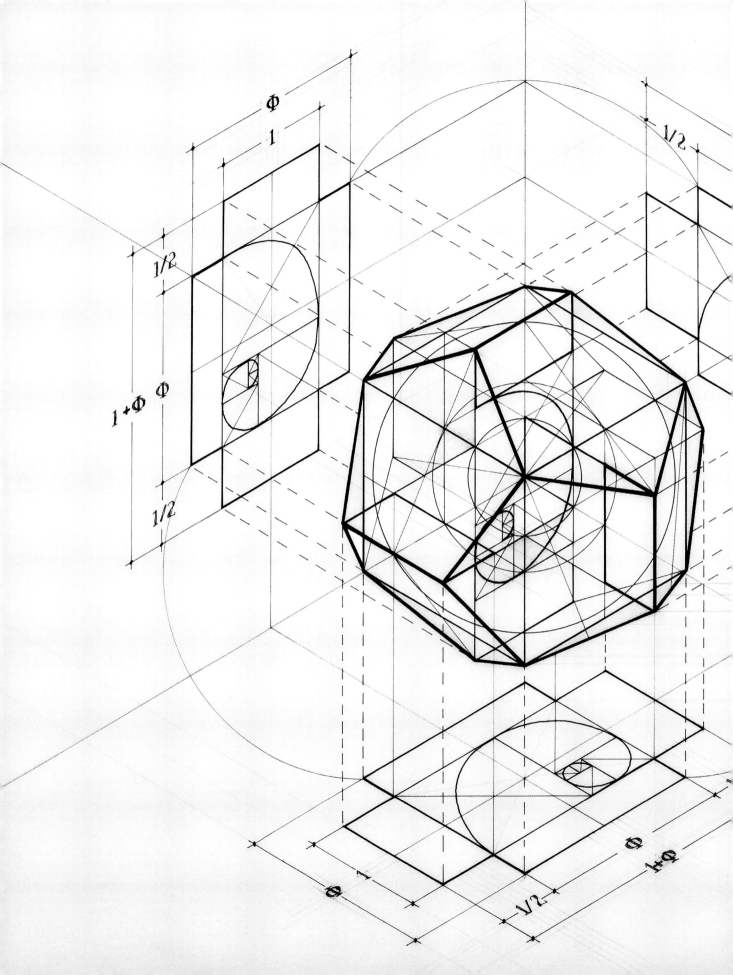

黃金幾何

「幾何學擁有兩大至寶：
一是畢氏定理，二是黃金比例。
前者可比擬作一塊黃金，
後者可稱之為一顆珍貴的寶石。」[1]

——約翰尼斯·克卜勒
（Johannes Kepler）

雖然黃金比例一直存在於在數學、幾何學和自然界中，但我們未能得知它最初被人類發現和應用的確切時間。我們有理由假設，它在整段歷史中數次被發現，這解釋了它為何擁有好幾個不同的名字。有一些令人信服的證據能夠證明古巴比倫和古印度數學家對黃金比例的認識和應用，不過，讓我們首先從希臘開始。

右圖：俄羅斯畫家費奧多爾·布朗尼科夫（Fyodor Bronnikov，1827－1902）的作品，表現的是畢達哥拉斯在膜拜日出。

左圖：法國雕刻家尚·丹布朗（Jean Dambrun，1741－約1808）的作品，以畢達哥拉斯為主角，形象取自3世紀的羅馬硬幣。

古希臘

　　在今日的幾何學教科書中，大部分的內容都源自古希臘人的發現；而最早提及我們現在所知的黃金比例的，可能是一位生活在畢達哥拉斯時代，大約西元前570年至西元前495年的數學家兼哲學家。五角星形是畢達哥拉斯學派的象徵——在畢達哥拉斯五角星形中，每條長線段與每條短線段的比都是黃金比例，如下圖所示。一般認為，是畢達哥拉斯和他的追隨者最早發現黃金比例的某些獨特屬性。

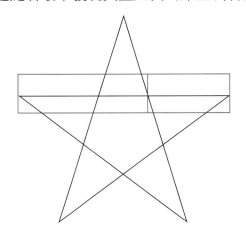

　　五角星形中央的五邊形曾出現於古希臘著名哲學家柏拉圖（Plato，約西元前427–347年）的作品中。在《蒂邁歐篇》對話（Timaeus，約西元前360年）中，柏拉圖描述了由四個元素組成的宇宙，並以四個基本的幾何形體來代表，現稱「柏拉圖立體」（Platonic Solids）。後來還增加了第五個幾何形體——正十二面體，由十二個五邊形組成，用來表示宇宙的形態。在《蒂邁歐篇》對話中，柏拉圖還提到了三個

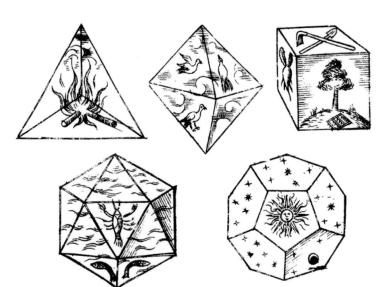

數字之間的比例關係，這可能就是歐幾里得「中末比」（extreme and mean ratio）的雛形。

> **「當中項與首項的比等於末項與中項的比……**
> **必然會存在相同；而使兩者相等同，**
> **只有一個數值。」**[2]

但直至今日，我們仍不清楚這是否只是對數字比的一種籠統描述，或者指的就是黃金比例。

西元前1世紀的羅馬繪畫，發現於義大利龐貝古城，畫中呈現了柏拉圖學園（Plato's Academy）的場景。

右上圖：1482年首次印刷的歐幾里得名著《幾何原本》。第三卷第8至12頁論述了關於比例的問題。

左上圖：法蘭德斯畫派畫家尤斯圖斯‧範‧簡特（Justus of Ghent）1474年系列作品《著名人物》（Famous Men）中所描繪的歐幾里得。

　　我們對歐幾里得的生平所知甚少，只知道他大約於西元前3世紀生活在古亞歷山大，當時是由托勒密一世（約西元前367年～約西元前283年）統治著埃及的希臘王國。歐幾里得的《幾何原本》由十三卷組成，包含了定義、假設、命題和證明，涵蓋幾何、數論、比例和不可通約線段（即：無法用整數比例來表示的線段）。《幾何原本》是邏輯學和現代科學發展的奠基之作，是今日普遍認為有史以來最具影響力的教科書。這套書於1482年首次印刷，是德國鐵匠約翰‧古騰堡（Johannes Gutenberg）發明印刷機後最早出版的一批數學書籍，版本數量可能僅次於《聖經》。林肯曾為了磨練自己的邏輯思維能力而專攻此書。普立茲詩歌獎得主、美國詩人兼劇作家埃德娜‧聖文森特‧米萊（Edna St. Vincent Millay）曾於1922年寫下一首詩，名為《只有歐幾里得見過赤裸之美》（Euclid Alone Has Looked on Beauty Bare）。

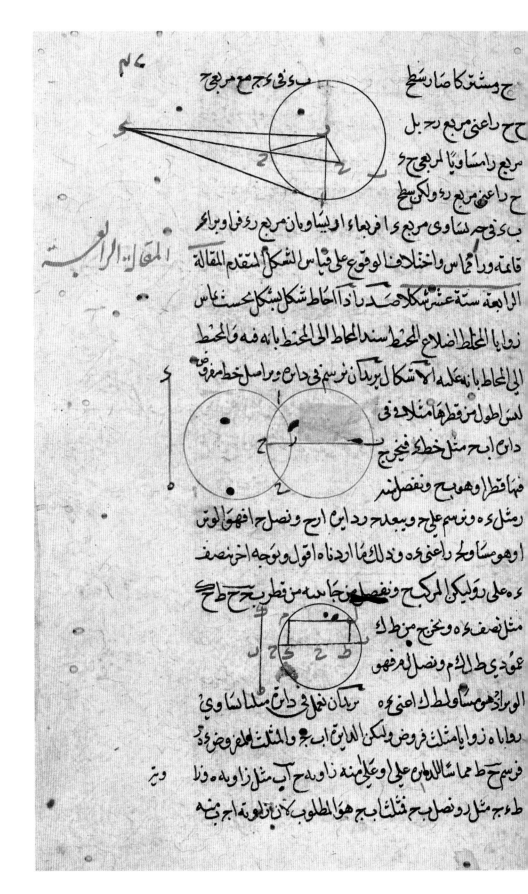

歐幾里得《幾何原本》的
阿拉伯語譯本，譯者為
波斯數學家納西爾丁・
圖西（Nasir al-Din al-
Tusi，1201–1294）。

بني سطح ب د في ح ج مسا وي ا لمربع و ذلك ما اردناه و انقضت تابت

من هذه الاشكال على الاخير اقول و يتبين من هذا ان كل خط يخرج حا

من نقطه و ما سان دائر بعينها عن حسبها فهما مسا و ان اقول فلك ان

يخرج هذا الشكل و الذي قبله في قول واحد و هو ان يقال الا ذا خرج

من نقطه خطان مسا سان الى ما يحا ذيهما من جا ب من خط دائرة

خطان الجان مثلها و عن هما مسا ان يا ما فسطح احدلاه و ل ابره

الاخ مسا و ي سطح احد لاخرين في لا خن و قضى الرهان عليه

ا ذا خرج خطان من نقطه خا رجة من دائرة الى هما قاطعا احدهما الا

و منها لاخى لها ع قاطع و كان جميع القاطع فها وقع منه ل

خارج مسا و ي المربع المنهي هما سة للدائر و ليكن الدائر اب ج د و

النقطة ه و القاطع ح ج ب و المنهي ع او يخرج من دوره هما لها

و نصل من ذ كر ب ف

ء ة فلان سطح اب ع في

ح مسا وي المربع و ا

بالفرض فلذلك ه ه لما

مر يكون د ه مسا وي ن و كان ذ ا ره مسا وي ن و رة مشتر كا

فز ا وية ء ا ر سا وي ر ا و ير ه القائمة فهى قائمة و هى و لم الخط على د

ا لماس و ذلك ما ردناه اقول و هذا الشكل ليس هم نسخة الحجاج

و هو كذاء ا ده ما بنا و قع في عا سر المقالة الرابعة الله حابر فلو

اخر و لفذا الدائر و الخطين و فصل ر ا ج و من ر على ب و عود ح

فلان سطح ب د في ح ج مع مربع ج ح سا و ع مربع ح و اذا جعلنا ه

在愛因斯坦所稱的「神聖的幾何學小書」中，歐幾里得多次提到「中末比」，並透過圖形（包括五角形）證明這個比值是如何在幾何上推導出來的。當我們快速瀏覽歐幾里得這套關於黃金比例的奠基之作，會在第六卷中發現以下幾何圖形：[3]

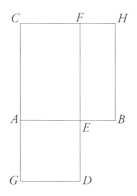

命題30：

以中末比（E）分割線段AB。

在這裡，歐幾里得要求我們建構一個邊長等於初始線段AB的正方形ABHC，然後建構一個面積等於ABHC的矩形GCFD，其中GAED也是正方形。當線段AC = 1時，我們會發現：

正方形ABHC的面積 = 1

矩形CFEA的面積 = $1/\phi$

正方形GAED的面積＝矩形EBHF的面積 = $1/\phi2$

在《幾何原本》第二卷中，歐幾里得在介紹比例之前，也提到了這個圖形。取線段AC的中點E，然後以EB的長度來決定EF和AF的長度，如下：

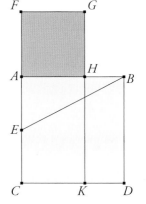

命題11：

分割AB線段，使得以BH為邊長的矩形BDKH的面積等於以AH為邊長的正方形AFGH的面積。

其他關於「中末比」的例子出現在第十三卷，圖示如下：

命題1：

如果一線段AB以C點進行中末比的分割，
且以分割後較長的AC線段加上一半的AB
線段做為正方形DLFC的邊長；以D平分
AB線段，並以AD線段做為正方形DPHA
的邊長。

則正方形DLFC的面積會是正方形DPHA
的5倍。

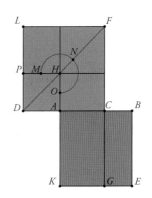

命題2：

如果點C在線段AB上，且以線段AB為邊
長所構成的正方形ALFB之面積為以AC線
段為邊長的正方形APHC之面積的五倍。

則，當線段CD為線段AC的兩倍，B點即
構成CD線段的中末比分割，且BC線段為
AB線段切割後較長的線段。

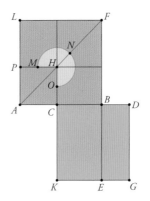

命題3：

如果一條直線AB以點C進行中末比分
割，BC線段為中末比分割後較短的線
段，且D點為AC線段之中點。則由BD線
段作為邊長的正方形DBNK，其面積是
邊長為二分之一線段AC所建構之正方形
GUFK的五倍。

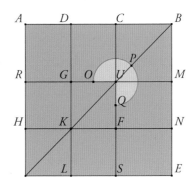

命題4：

如果線段AB以C點進行中末比分割，則AB線段及較短的BC線段之平方和為較長之AC線段所建構的正方形HFSD面積之三倍

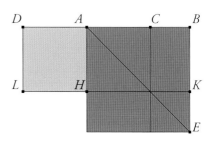

命題5：

如果AB線段以C點進行中末比分割，且AD線段為AB線段的延伸線段，AD長度與中末比分割後的較長線段相同，則延伸後的線段則以A點為其中末比分割點，且AB線段為分割後較長的線段。

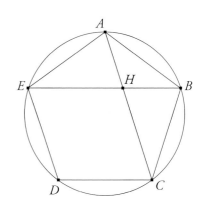

在命題6中，歐幾里得定義了一個概念：無理線段（apotome）。將一條長度為有理數的線段進行中末比分割，其中長度為無理數的一段，即為「無理線段」。直接跳到命題8和命題9，我們會發現五角形具備一些「黃金屬性」，六邊形和十邊形的邊之間也存在黃金比例的關係。

命題8：

如果在等邊等角五角形內對角連線（AC，BE），則將這兩條線段以中末比（H）相互分割時，其中較大部分（HE，HC）會等於五角形的邊長。

命題9：

如果將同一個圓裡內接的六邊形的邊
長（CD）和十邊形的邊長（BC）相
加，則將整條線段（BD）以中末比
（C）分割時，其中較大部分等於六
邊形的邊長（CD）。

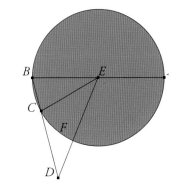

準備好跳到三維空間了嗎？下面就
是最後一項命題，討論的是正方體和正
十二面體之間的黃金比例關係。

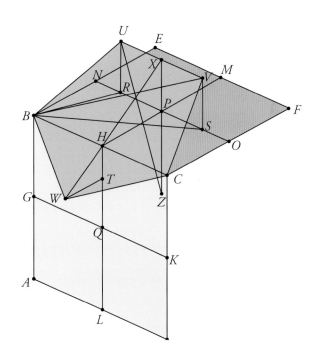

命題17：

建構一個正十二面體，使其內接於一
個球體內……證明：十二面體的邊長
（UV）為無理線段。推論：因此，當
正方體的邊長（NO）以中末比分割
時，較大部分（RS）等於正十二面體
的邊長。

在最後這個例子裡，歐幾里得證明了正十二面體的邊長（比如UV）為無理線段。
即：當一條長度為有理數的線段以中末比分割時，兩個無理數部分中較大者，會等於內接
正方體的邊長（比如NO）。為證明這個關係，將正方體的邊分為兩等分，分割點分別為
G、H、K、L、M、N、O；將其連線，會得到線段GK、HL、HM、NO，其長度等於
正方體的寬度。且，當長度為正方體寬度一半的線段NP、PO、HQ以中末比分割時，分割
點為R、S、T。由於線段RU和SV與正方體成直角，故線段RS的長度（即線段NO中末比
分割的無理線段），會等於線段UV的長度（即等邊等角十二面體的邊長）。

建構黃金比例

歐幾里得提供了絕妙的基礎，讓我們得以理解黃金比例在幾何中的各種呈現方式。但我們還可以讓它更簡單。讓我們看看其他一些可建構黃金比例的簡單的幾何結構，從線段開始，然後是三角形、正方形和五邊形。和大衛·萊特曼（David Letterman，美國知名脫口秀主持人）揭開「Top 10」排行榜時的倒數方式相反，我首先要介紹的也許是最令人驚嘆的一個，因為它實在是令人難以置信地簡單，簡單到不可思議。

三條線段

如果歐幾里得能看到這種優雅的小結構，歷史上赤裸裸地在街上奔跑，喊著「尤里卡！」（來自希臘語的感嘆詞，表示發現事物的喜悅）可能就會是他，而不是阿基米德了。

1. 收集三根長度相同的棒狀物（木樺、筷子、吸管，或者你手邊的任何東西）。
2. 第一根豎直擺放。
3. 第二根抵在第一根中點的位置上。
4. 第三根抵在第二根中點的位置上，使三端點連成一直線。

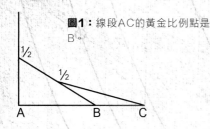

圖1：線段AC的黃金比例點是B。

三角形

這個幾何結構也比歐幾里得提出的任何例子都更簡單。

1. 用圓規畫一個圓。圓裡面畫一個內接正三角形。
2. 在三角形兩條邊的中點位置畫一條線，延伸到圓周上，如圖所示。

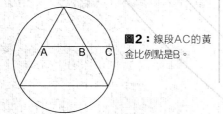

圖2：線段AC的黃金比例點是B。

正方形

歐幾里得有些命題是在正方形上畫圓。我們這個幾何結構與其類似，不過正好是反其道而行。

1. 用圓規畫一個圓，然後將其分割為兩個半圓。
2. 在一個半圓裡畫一個正方形，如圖所示。

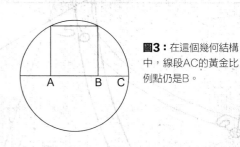

圖3：在這個幾何結構中，線段AC的黃金比例點仍是B。

五邊形

這個幾何結構也出現在《幾何原本》第十三卷的命題8之中。

1. 用圓規畫一個圓，然後畫一個內接五邊形，讓五個頂點落在圓周的等距位置。
2. 將兩個頂點之間連線，另外兩個頂點之間再連線。如圖所示。

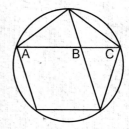

圖4：線段AC的黃金比例點是B，即兩條連線的交點。

看到有多簡單了吧？黃金比例就是這樣，看起來似乎完全不需要刻意規劃、安排，它就會自然而然地出現。你可以參考附錄B，探索更多關於黃金比例的幾何結構。

畢達哥拉斯和克卜勒走進……三角形？

　　你有沒有聽過「畢達哥拉斯和克卜勒走進酒吧」這個笑話？你很可能沒聽過，不過你可以發現：這兩位歷史上著名數學家的發現，有助於說明黃金比例的一個特性。除了五角星形之外，畢達哥拉斯最著名的還有他的同名定理：畢氏定理。該定理指出，邊長為a、b和c（其中c為斜邊）的直角三角形具有以下關係：

$$a^2 + b^2 = c^2$$

　　我們在引言裡說過，ϕ 是唯一一個其平方比其本身大1的數：

$$\Phi + 1 = \Phi^2$$

　　畢達哥拉斯提出他著名的定理兩千年後，德國數學家約翰尼斯·克卜勒（Johannes Kepler，1571–1630）注意到了這兩個方程式之間的相似性，並由此發現了一個獨特的三角形，現在我們稱作「克卜勒三角形」，邊長分別為1、$\sqrt{\phi}$ 和 ϕ。

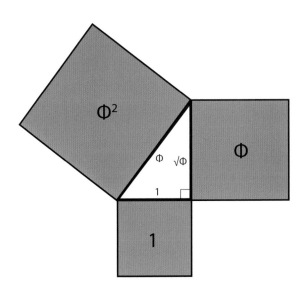

克卜勒肖像，1610年，作者不詳。這幅畫來自奧地利克雷姆斯明斯特的一家本篤會修道院。

克卜勒注意到了這個三角形的另一個特性，他在寫給他的老師邁可·馬斯特林教授（Michael Mästlin，1550-1631）的信中提到：

「如果在一條以中末比分割的線段上建構一個直角三角形，
將直角置於分割點的垂直線上，
則這個三角形短邊的長度，
會等於被分割的那條線段的較大部分。」[+]

他這裡所說的，就是下面這個短邊長度為1的三角形。

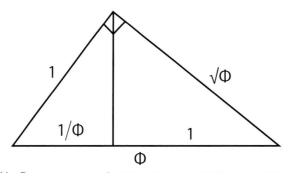

畢達哥拉斯的「3-4-5」三角形是唯一一個邊長為等差級數的直角三角形，其中每個連續項，都可以透過加上一個共同的差數獲得：

$$3 + 1 = 4$$
$$4 + 1 = 5$$

不可思議的是，克卜勒的「$\sqrt{\Phi}$-1-$\sqrt{\Phi}$」三角形是唯一一個邊長為幾何級數的直角三角形，其中每個連續項，都可以透過乘以一個共同的比率獲得。在這個獨特的例子中，該比率即是黃金比例的平方根：

$$1 \times \sqrt{\Phi} = \sqrt{\Phi}$$
$$\sqrt{\Phi} \times \sqrt{\Phi} = \Phi$$

如圖所示，當你以克卜勒三角形的直角頂點為起點，畫出一條垂直於斜邊的線段，斜邊即會出現黃金比例，且所得到的兩個三角形，會與原始克卜勒三角形比例相同。

回到畢達哥拉斯。在五角星形中我們可以發現另外兩個黃金比例的三角形——也就是底邊和斜邊之間，也具有 ϕ 比1的關係。

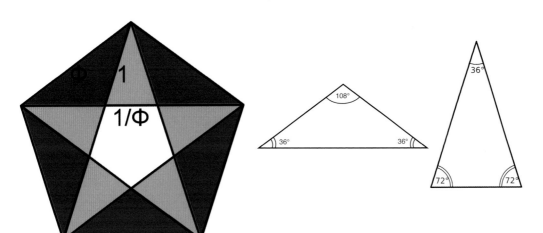

五角形（左）可以分割成數個「黃金三角形」（右）和「黃金磬折形」（中），且其中每個形狀都至少有一個36度的角。

上圖中的鈍角三角形，也就是中間那個三角形，稱為「黃金磬折形」（golden gnomon）。右邊的等腰三角形，稱為「黃金三角形」。這些反過來看，又成為一個重要數學發現的基礎——彭羅斯貼磚（Penrose Tiling，見第34頁）。

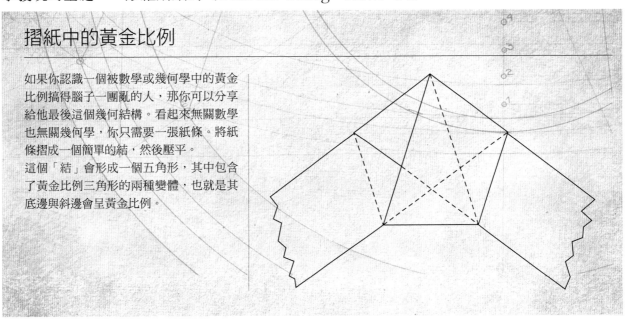

摺紙中的黃金比例

如果你認識一個被數學或幾何學中的黃金比例搞得腦子一團亂的人，那你可以分享給他最後這個幾何結構。看起來無關數學也無關幾何學，你只需要一張紙條。將紙條摺成一個簡單的結，然後壓平。

這個「結」會形成一個五角形，其中包含了黃金比例三角形的兩種變體，也就是其底邊與斜邊會呈黃金比例。

天體和諧

　　從絃樂器的振動到行星的運動，畢達哥拉斯和克卜勒都看見了無所不在的數學。雖然不能百分之百確定，但普遍認為：畢達哥拉斯是第一個發現音符音高和絃長之間反比關係的人，而且他可能已經進一步將不同行星的軌道頻率與聽不見的雜音聯繫起來，這個理論以諸如「天體音樂」（Musica Universalis）、「天體和諧」（Harmony of the Spheres）等名稱流傳了幾個世代。

　　克卜勒的興趣涉獵神祕領域。他在1596年出版的《宇宙的奧祕》（Cosmographic Mystercum），以及1619年的《世界的和諧》（Harmonices Mundi）中，探討了「宇宙是一種幾何圖形的和諧安排」的概念。在《宇宙的奧祕》一書中，克卜勒提出，當時已知的六顆行星之間的相對距離，可以透過五個柏拉圖立體（參見第16頁）的套疊來理解。每個多面體被包圍在表示其軌道的球體內，最後一個球體則代表了土星軌道。這個模型最終被證明是不準確的，但克卜勒仍然孜孜不倦地致力於詮釋宇宙，於1617年出版了第一卷《哥白尼天文學概要》（Epitome Astronomiae Copernicanae）。在這本書中，克卜勒提出了他最重要的發現：行星軌道是橢圓形的，以及行星運動三大定律的第一個定律。

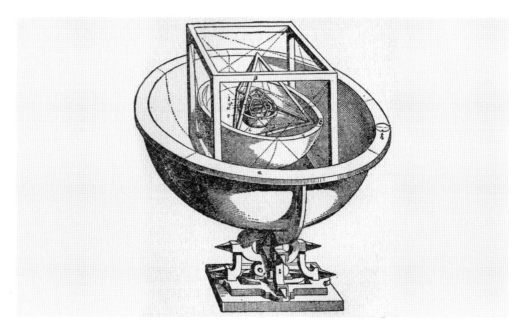

克卜勒的太陽系模型，五個柏拉圖立體以套疊的方式包含其中。

儘管《宇宙的奧祕》中柏拉圖立體套疊的假說最終經不起推敲，但克卜勒早期的宇宙模型在數學上還是可圈可點的。這些正多面體，包括：四面體、立方體、八面體、十二面體和二十面體（下圖，從左到右），全都具備一個獨特的屬性：每個多面體，都能透過在每個頂點相交的相同的面建構出來。

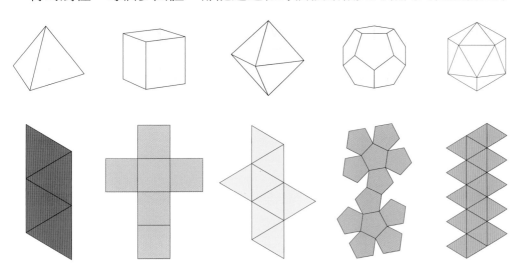

　　這五個迷人的正多面體，其中有兩個（十二面體和二十面體）都在幾何上遵循黃金比例。[5]每個頂點都可以透過三個黃金矩形（意即：矩形的長寬比等於 ϕ）來決定。

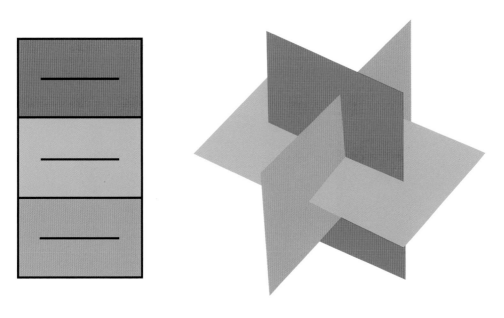

左圖中的三個黃金矩形可以互鎖成右圖的結構。這個互鎖結構就是構成十二面體和二十面體的幾何基礎。

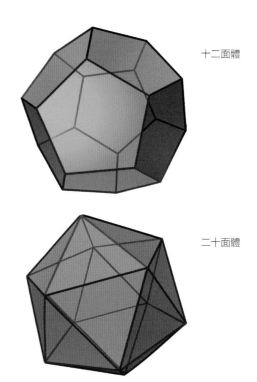

十二面體

在十二面體中，
12個角是
12個五邊形的
12個面的
12個中心。

在二十面體中，
12個角是
20個三角形的
20個面的
12個頂點。

二十面體

　　如果我們將這個黃金矩形的互鎖結構映射到直角坐標系中，則邊長為2的二十面體的12個頂點的座標（X，Y，Z），以原點為中心可表示如下：

x-z平面（綠色，y＝0）：（±1，0，±φ）
y-z平面（藍色，x＝0）：（0，±φ，±1）
x-y平面（紅色，z＝0）：（±φ，±1，0）

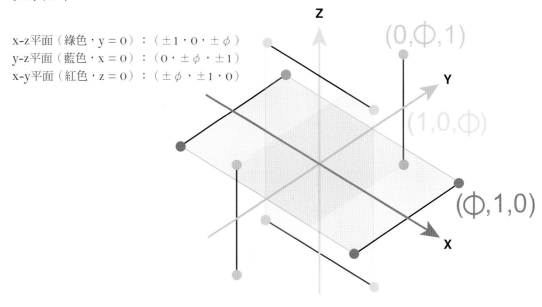

$(0,\phi,1)$

$(1,0,\phi)$

$(\phi,1,0)$

接下來，將十二面體映射到直角坐標系中。內接正方體邊長為2的十二面體的20個頂點的座標（X，Y，Z），以原點為中心可表示如下：[6]

橙色立方體：（±1，±1，±1）
y-z平面（綠色，x＝0）：（0，±φ，±1/φ）
x-z平面（藍色，y＝0）：（±1/φ，0，±φ）
x-y平面（紅色，z＝0）：（±φ，±1/φ，0）

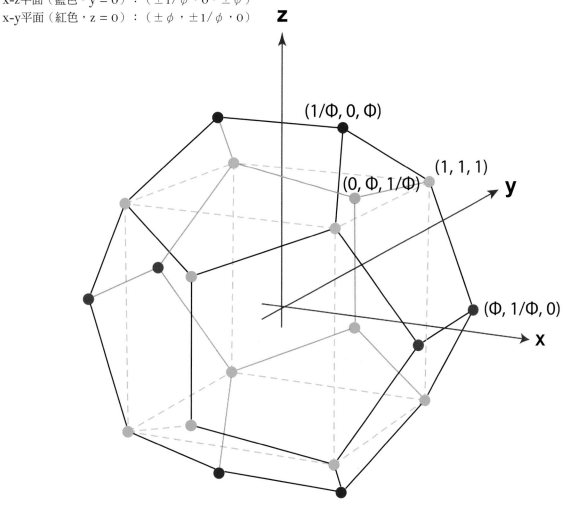

根據我們已知關於五角形的比例，內接邊長為2的正方體的十二面體，其邊長應為2/φ。

黃金貼磚

　　把每個柏拉圖立體的面映射到二維空間中，如第31頁所示，二維平面上的映射區域可以完全對稱地用三邊、四邊和六邊的貼磚填充。那麼，五邊的貼磚呢？讓我們走進英國數學物理學家羅傑‧彭羅斯爵士（Roger　Penrose，1931-）的理論之中。在20世紀70年代早期，彭羅斯注意到，五邊形內的兩個黃金比例三角形（參見第29頁以及本頁下面的左上圖）可以成對組合，形成全新的對稱貼磚，進而組合成不同的圖案。例如，兩個銳角黃金三角形可以組合成「風箏」（圖b黃色部分），而兩個鈍角黃金三角形可以形成「飛鏢」（圖b紅色部分）。此外，一個

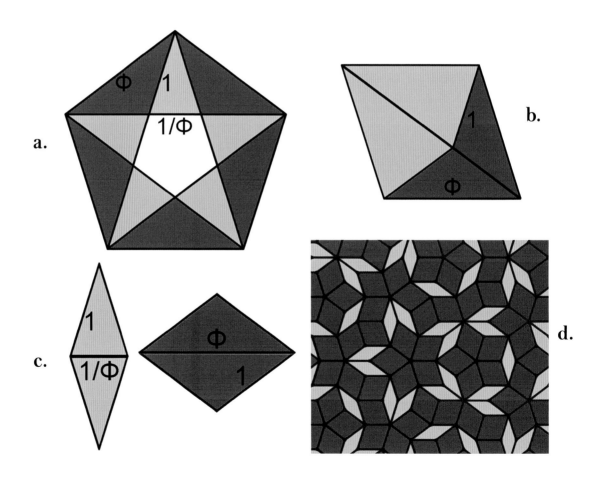

「風箏」和一個「飛鏢」可以組合成邊長為 ϕ 的菱形，如圖所示（圖b）。這兩個三角形也可以組合成菱形貼磚，如圖所示（圖c）。雖然五邊形本身無法完全填滿二維空間，但是這些擁有黃金比例的「彭羅斯貼磚」卻可以（圖d）。

如果將這些貼磚鋪成更大的面積，你會發現一種類型的貼磚數量與另一種類型貼磚數量的比，總是會接近1.618，即黃金比例。根據貼磚的排列方式，它們也能夠表現出五重旋轉對稱性，也可能出現五重對稱的圖形，例如五角星形和十邊形。我們將在第五章中看到，這種五重對稱排列也會出現在自然界中。

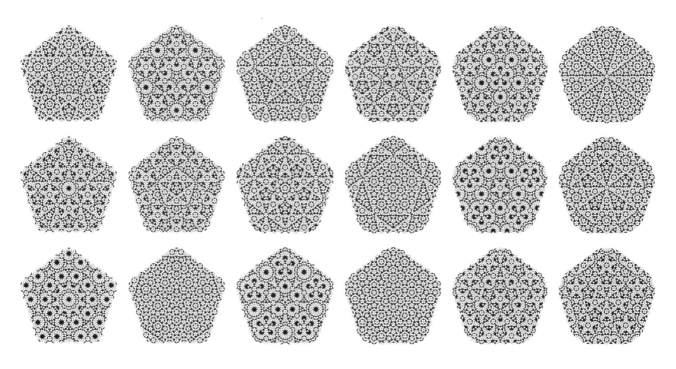

彭羅斯貼磚的多種構造。注意
其中大量出現的五邊圖形，例
如五角星形和五邊形。

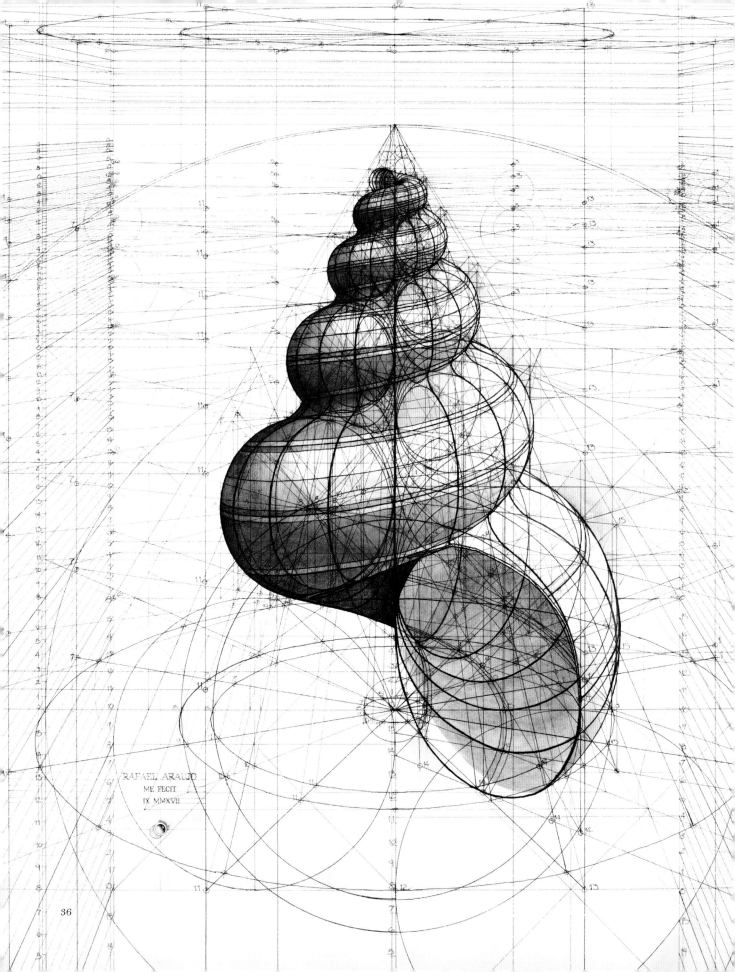

RAFAEL ARAUJO
ME FECIT
IX MMXVII

36

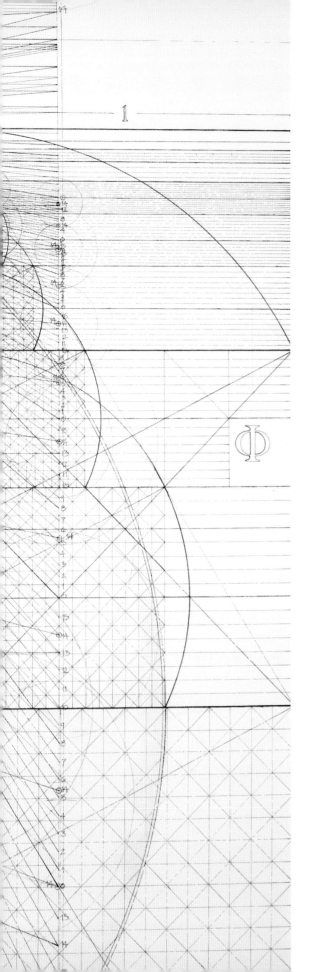

II
φ 和費波納契

「除非我們能掌握
用以寫成一本書的語言，
並熟悉裡面的『角色』，
才能夠讀懂它。
而它（宇宙）正是
用數學的語言所寫成的。」[1]

——伽利略·伽利萊
（Galileo Galilei）

古希臘的數學著作在9世紀的巴格達被保存了下來，在那裡，阿拔斯王朝第五代哈里發哈倫‧拉希德（Harun al-Rashid）建立了一座偉大的圖書館，後人稱之為「智慧宮」。在此，穆斯林、猶太教和基督教的學者齊聚一堂，討論關於化學、地圖學等課題，並將古希臘和印度的文本翻譯成阿拉伯文。在隨後的伊斯蘭黃金時代，科學和數學取得了許多令人矚目的進步，一直持續到13世紀。例如，阿拉伯學者花拉子米（Muhammad ibn Musa al-Khwarizmi，約790-約850），是世界上最早使用0做為補位元數位的數學家，他在《積分和方程計算法》（Hisab al-jabr w'al muqabala）一書中引入了「代數」（algebra）一詞，取自阿拉伯語的「al-jabr」，意思是「求全」（completion）。這個詞指的是透過消除負項來簡化一個二次方程式的過程，後來的代數即由此誕生。有趣的是，在這本書中，他提出一個二次方程式：將長度為10的線段分割成兩段具備黃金比例的線段。

這張1983年的前蘇聯郵票上印有花拉子米的頭像。花拉子米是9世紀阿拉伯極具影響力的數學家，也是巴格達「智慧宮」中的傑出人物。

費波納契數列

　　距離花拉子米半個世紀後，阿布·卡米爾（Abu Kamil Shuja ibn Aslam，約850-約930），一位來自埃及的伊斯蘭數學家，將複代數應用於幾何問題，求解了含三個不同變數的三個非線性方程式。他還提出了關於分割長度為10的線段、將五角形內接於正方形等各種方法的方程式。阿布·卡米爾是第一位以無理數做為二次方程解法的數學家，[2]他的《代數書》（Kit b f al-jabr wa al-muq bala）擴展了花拉子米的著作，12世紀翻譯成拉丁語後，在歐洲產生了巨大影響。

　　花拉子米的著作，尤其是他對印度阿拉伯數字的討論，後來引起了一位年輕義大利男孩的注意。他當時和他的父親，一位來自比薩的富有商人，一同造訪阿爾及利亞的港口城市。那位男孩名為李奧納多·費波納契（Leonardo Fibonacci)（1175年－1250年），在1202年出版了他的著作《計算之書》（Liber Abaci）後成為歷史上最著名的數學家之一，該書將印度阿拉伯數字系統推廣到了整個歐洲。

1342年出版的花拉子米《代數學》中的兩頁，內容是兩個二次方程式的幾何解法。

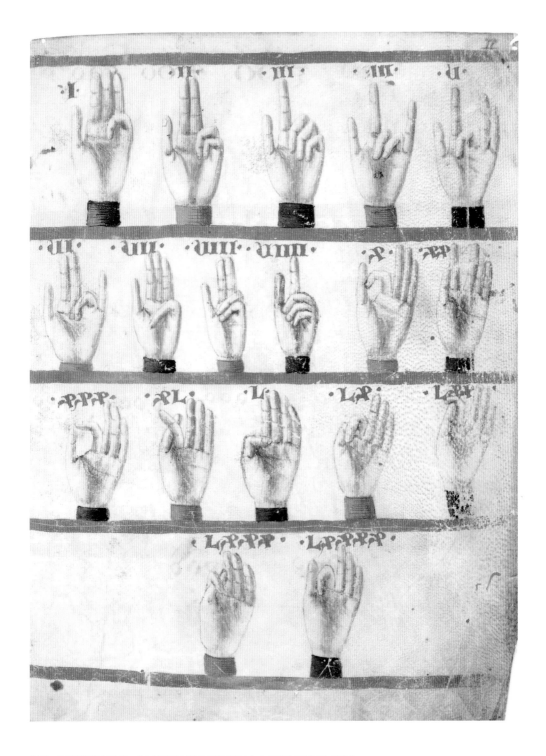

左頁：伊斯蘭黃金時代，阿拉伯天文學家用星盤和十字尺規在君士坦丁堡（現在的土耳其伊斯坦布爾）一個天文臺測定緯度。這個時代大約從8世紀中葉持續到13世紀中葉。

費波納契所寫的《計算之書》用到許多阿拉伯資料，包括阿布・卡米爾討論過的問題。費波納契將阿布・卡米爾的兩個方程式連結起來。這兩個方程式都牽涉到以黃金比例分割長度為10的線段。費波納契給定該線段兩個為黃金比例部分的長度：$\sqrt{125} - 5$ and $15 - \sqrt{125}$，[3] 也可以寫作$5(\sqrt{5} - 1)$ 和 $5(3 - \sqrt{5})$。這也是用來表達長度為10的線段上的兩個黃金比例點。將上述結果除以10，你會得到兩個代數式，可求出 ϕ 的倒數值$1 / \phi$（0.61803…）和 $1—1/\phi$ 的值（0.38197…）。回想一下第11頁的內容，ϕ 是唯一一個倒數為自身減1的數，如果將方程兩邊各加1，我們就可以得到這個關於 ϕ 的代數式：

$$1 / \Phi = (\sqrt{5} - 1) / 2 = \Phi - 1$$
$$\Phi = (\sqrt{5} + 1) / 2$$

書中，費波納契還針對「兔子繁殖」的問題寫下一個簡單的數列。這個數列是 ϕ 背後神奇數學關係的基礎，早在6世紀就為印度數學家們所熟知，但是費波納契使其在西方得以推廣。

費波納契數列可以用下面的例子來解釋。假設我們有一對剛出生的小兔，一隻雄兔和一隻雌兔。假設兔子在一個月大的時候就能交配，所以在第二個月底，雌兔可以再生一對小兔。假設我們的兔子永生不死，而且從第二個月起，雌兔每個月都會產下一對新的小兔（且剛好雌雄各一）。費波納契提出的問題是：一年內會有多少對兔子？答案是144。我們發現，144是下面這個兔子增長數列中的第十二個數字，對應的是第十二個月的新生兔子。從0和1開始，數列中的每個新數字剛好是之前兩個數字之和：

$$0 + 1 = 1$$
$$1 + 1 = 2$$
$$2 + 1 = 3$$
$$3 + 2 = 5$$
$$5 + 3 = 8$$
$$8 + 5 = 13$$

……等等，以此類推。於是得到以下這個以費波納契的名字命名的數列：

0, 1, 1, 2, 3, 5, 8, 13, 21, 34, 55, 89, 144, 233, 377, 610, 987, . . .

將 ϕ 和 $\sqrt{5}$ 代入方程式中，就能計算出費波納契數列中的第n個數字：

$$f(n) = \Phi n\, /\, \sqrt{5}$$

例如，費波納契數列中的第十二個數字，可以這樣計算出來：

$\Phi^{12}\, /\, \sqrt{5} = 321.9969\ldots\, /\, 2.236\ldots = 144.0014\ldots$，四捨五入，就是144！

費波納契數列中，每兩個連續費氏數之比會趨近於 ϕ。以下等式直觀呈現了這種現象。請注意，連續費氏數的比值愈來愈趨近於 ϕ，如下所示：

1/1 = 1.000000	144/89 = 1.617978
2/1 = 2.000000	233/144 = 1.618056
3/2 = 1.500000	377/233 = 1.618026
5/3 = 1.666667	610/377 = 1.618037
8/5 = 1.600000	987/610 = 1.618033
13/8 = 1.625000	
21/13 = 1.615385	
34/21 = 1.619048	
55/34 = 1.617647	
89/55 = 1.618182	

數列中第40個數字，102334155，其比值符合 ϕ 到小數第15位：

$$1.618033988749895$$

儘管費波納契數列連續項之間的比值明顯接近 ϕ 值，這位義大利數學家卻並沒有特別提到黃金比例。事實上，又過了四百年，才有人將這兩者明確聯繫起來。[4] 這個人就是約翰尼斯·克卜勒（見第27頁）。他在1609年的一封信中首度明確提到，費波納契數列中連續數之比接近黃金比例。

1653年，法國數學家布萊茲·帕斯卡（Blaise Pascal，1623-1662）提出了他的同名三角形結構，以視覺化的方式呈現了二項式係數（即相加的兩個正整數）的代數展開。如下所示，從頂點1開始，下面三角形中的每個數字，都是該數字上方斜線上位於其左右兩邊的數字之和；而只要將三角形斜線上的數字相加，就能得到費波納契數列（黃色）。帕斯卡三角形有許多非比尋常的特性和多種用途，包括：

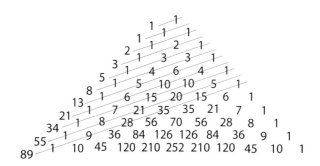

- 水平行相加得到2的冪（1、2、4、8、16等）。
- 水平行的前五行代表11的冪（1、11、121、1331、14641）；前五行的數字都是個位數。
- 斜線1-3-6-10-15-21-28⋯⋯加上任意兩個連續數，會得到一個完全平方數（1、4、9、16等）。
- 當任意行中1右邊的第一個數字是質數時，則該行中的所有數字都可被該質數整除。

給予費波納契應有的榮譽

克卜勒是第一個把費波納契數和 ϕ 聯繫起來的人。[5]1753年，蘇格蘭數學家西摩松（Robert Simson，1687-1768）最早證明出費波納契數列中連續費氏數的比率確實會趨近黃金比例。[6]1877年，

法國數學家愛德華·盧卡斯（Edouard Lucas，1842-1891）最終命名了費波納契在《計算之書》中寫下的數列，並提出由以下方程式定義的盧卡斯數列：$L_n = L_{n-1} + L_{n-2}$，其中 $L_n = 1$，$L_2 = 3$。

　　帕斯卡三角形還可以用於求解數字組合的機率問題。例如，從5個數字中任意選擇2個，可能出現的組合方式有10種，即第5行第2個數字10。（注意，此時數字1不計）

1822年的彩色版畫，描繪了帕斯卡三角形的發明者，法國數學家布萊茲·帕斯卡。

費氏螺線及其他奇妙特性

　　如果你在網路上瀏覽關於費波納契數列的資訊，那你很可能已經見過費氏螺線或黃金螺線的圖片。你也可能已經見過以下這些例子：帕德嫩神廟、蒙娜麗莎、川普的髮際線。總歸來說，費氏螺線是以黃金矩形為基礎建構。將黃金矩形在黃金比例點上進行分割，你會得到一個正方形和另一個小的黃金矩形。對這個小黃金矩形重複進行相同操作，就會得到以下圖像：

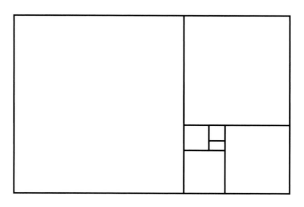

只要在每個正方形中畫出四分之一圓弧，就能得到黃金螺線：

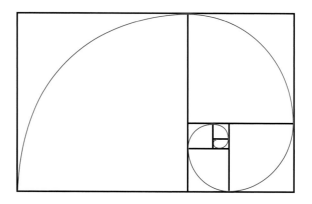

另一種與黃金螺線類似的螺線，就是費氏螺線。建構費氏螺線用的不是黃金矩形，而是邊長等於費波納契數的正方形，如圖所示：

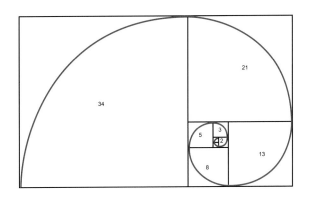

嚴格來講，這些都不是螺線，應該叫渦形線（volute）。儘管兩者的差異用肉眼難以分辨，但真正的黃金螺線是一種以恆定比例增長的等角螺線（對數螺線）。下圖中，綠色螺旋線由每個正方形內的四分之一弧線構成。紅色的是真正的對數螺線，每90度以黃金比例增長。重疊的部分以黃色顯示。現在，你是少數知道兩者差異的人了！

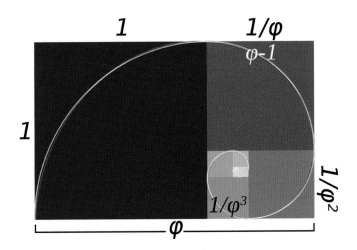

建構「費波納契三角形」

費波納契數列中，並沒有三個可以用來建構直角三角形的連續數，但以四個連續數為一組的費波納契數列組，卻可以建構出一個直角三角形。以數列組中的第二和第三個數作為底邊（a）和斜邊（c）的長度，而剩餘邊的長度是第一個數（b'）和第四個數（b''）的乘積的平方根。下面兩個表列出了這種關係

費波納契數列組			
b'	a	c	b''
0	1	1	2
1	1	2	3
1	2	3	5
2	3	5	8
4	5	8	13

費波納契三角形		
a^2	$b' \times b''$	$a^2 + b' \times b'' = c^2$
1	0	1
1	3	4
1	2	9
2	3	25
3	5	64

這個三角形的尺寸即為左上表格中的第五行。

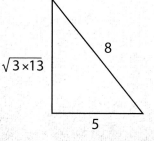

費波納契數列組的數字有許多獨特之處。例如，一組數字中的任意三個數：f(n—1)、f(n)和f(n+1)，存在如下關係：

$$f(n-1) \times f(n+1) = f(n)^2 - (-1)^n$$

$$3 \times 8 = 5^2 - 1$$
$$5 \times 13 = 8^2 + 1$$
$$8 \times 21 = 13^2 - 1$$

再舉個例，每第n個費波納契數必然是f(n)的倍數，其中f(n)是費波納契數列的第n個數。給定0、1、2、3、5、8、13、21、34、55、89、144、233、377、610、987、1597、2584、4181、6765，會得出如下結果：

- 每**第4個數**（例如3、21、144、987）都是**3**的倍數，即**f(4)**。
- 每**第5個數**（例如5、55、610、6765）都是**5**的倍數，即**f(5)**。
- 每**第6個數**（例如8、144、2584）都是**8**的倍數，即**f(6)**。[7]

費波納契數列還具有每24個數字會重複的特性。[8]這種重複涉及一種稱為「數值約簡」（numeric reduction）的簡單運算法，即：將一個數上所有位數的數字相加，直到只剩下一個位數根。舉個例子，256的數值約簡結果是4，因為2+5+6=13，1+3=4。將數值約簡應用於費波納契數列組，就會產生每24個數字重複的一組無限迴圈：

1、1、2、3、5、8、4、3、7、1、8、9、8、8、7、6、4、1、5、6、2、8、1、9

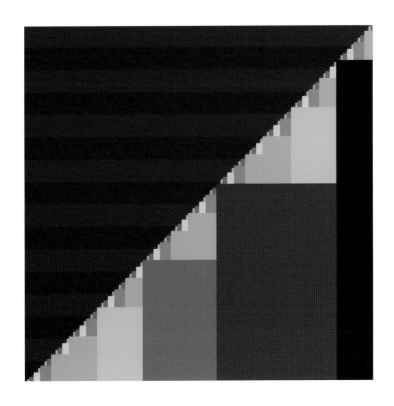

如果取其中前12個數字，加到後12個數字上，然後運用數值約簡求其結果，你會發現其值均為9。

這個由彩色矩形構成的圖案，代表的是費波納契數之和的前160個自然數。

這幅版畫中出現的是拉格朗日，另一位研究費波納契數列的知名法國數學家。

1774年，法國數學家約瑟夫·拉格朗日伯爵（Joseph Louis Lagrange）發現，費波納契數列中的數字的最後一位數存在某種規律：每60個數就會重複一遍。在最後一位數上重複的60個數字是：

0、1、1、2、3、5、8、3、1、4、5、9、4、3、7、0、7、7、4、1、5、6、1、7、8、5、3、8、1、9、0、9、9、8、7、5、2、7、9、6、5、1、6、7、3、0、3、3、6、9、5、4、9、3、2、5、7、2、9、1

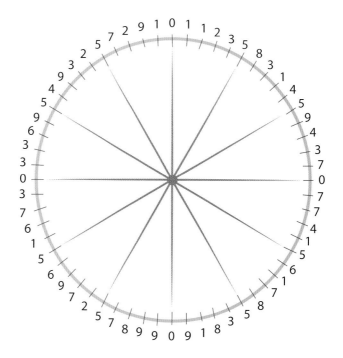

將這60個數字標示在一個圓上，如下所示，還可以發現其他規律：[9]

- 0對準了羅盤上的4個方位基點。
- 5對準了時鐘上12個整點中的另外8個。
- 除了兩對0之外，位置相對的兩個數相加結果為10。

計算 ϕ

　　1567年，克卜勒的導師，德國天文學家暨數學家邁可‧馬斯特林（Michael Maestilin，1550-1631）在給他學生的一封信中，給出了黃金比例的第一個已知近似值，將其小數部分描述為「約為0.6180340」。[10]

　　結合費波納契代入的值和$1/\phi = 1-\phi$等式，能夠產生第42頁的ϕ值方程式。其實，用基本邏輯也能推導出相同的值。還記得第10頁的黃金比例線段嗎？如下圖所示。整條線段與較長線段的比，等於較長線段與較短線段的比，可用方程式表示：A／B＝B／C。

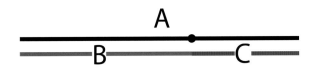

　　我們還知道，分割後的兩個線段B和C相加等於A，用代數式表示：A＝B＋C。

　　現在，如果將上述方程式結合起來，我們可以得出：(B＋C)／B＝B／C。將所有變數移到等式的一端，使C＝1，我們就可以得到下面這個熟悉的方程式：

$$B^2 - B - 1 = 0$$

　　這是一個標準的$ax^2 + bx + c = 0$方程式，我們可以應用二次方程式的知識，將（1, -1, -1）代入a、b、c的值之後求出x的解：

$$x = \frac{-b \pm \sqrt{b^2 - 4ac}}{2a}$$

得出的兩個解是$(1 + \sqrt{5}) / 2$和$(1 - \sqrt{5}) / 2$。正數解即為ϕ的精確值。

我們已經知道，費波納契連續數的會趨近於ϕ（參見第43頁），但它不是唯一一個存在這種關係的數列。你可以選擇**任意**兩個數來創建連續數的比，結果**永遠**會趨近於ϕ。例如，將1.618各位數上的數字分成16和18，然後將兩數相加，取18與16的比，如下所示。然後，求數列中後兩個數之和，再求後兩個數的比值，如此循環進行後，你會看到一個熟悉的規律：

$$16 + 18 = 34，兩數之比是1.125$$
$$18 + 34 = 52，兩數之比是1.888889\cdots$$
$$34 + 52 = 86，兩數之比是1.529412\cdots$$
$$52 + 86 = 138，兩數之比是1.653846\cdots$$
$$86 + 138 = 224，兩數之比是1.604651\cdots$$
$$138 + 224 = 362，兩數之比是1.623188\cdots$$
$$224 + 362 = 586，兩數之比是1.616071\cdots$$
$$362 + 586 = 948，兩數之比是1.618785\cdots$$

現在，讓我們回到ϕ的另外一個特性，也就是第11頁說到的：

$$\Phi^2 = \Phi + 1$$

也可以寫作$\phi^2 = \phi^1 + \phi^0$，這樣就推導出我們接下來要說的這個發現：以任意自然數n為指數，將ϕ的兩個連續數的冪值相加，即等於下一個連續數的ϕ的冪值。用數學公式表示如下：

$$\Phi^{n+2} = \Phi^{n+1} + \Phi^n$$

這裡還有一個奇妙的特性，與 ϕ 的冪值加減其倒數的特性：

- 對於任意偶數n，我們可得：$\Phi^n + 1/\Phi^n$ 是整數（如：$\Phi^2 + 1/\Phi^2 = 3$）
- 對於任意奇數n，我們可得：$\Phi^n - 1/\Phi^n$ 是整數（如：$\Phi^3 + 1/\Phi^3 = 4$）

ϕ 也可以透過各種反覆運算式的求極限計算來獲得，包括：

$$\Phi = \sqrt{1+\sqrt{1+\sqrt{1+\sqrt{1+\cdots}}}}$$

$$\Phi = 1 + \cfrac{1}{1+\cfrac{1}{1+\cfrac{1}{1+\cfrac{1}{\cdots}}}}$$

最後，正如我們已經能從五邊形和五角星形上看出，ϕ 與數字5有某種特殊的關係。如果我們將 ϕ 的運算式 $(1 + \sqrt{5}) / 2$ 用小數改寫，我們可以得到下面這個方程式：

$$\Phi = 0.5\left(5^{0.5}\right) + 0.5$$

關於 ϕ 還有另外一個方程式：

$$\Phi = \sqrt{\frac{5+\sqrt{5}}{5-\sqrt{5}}}$$

當克卜勒把黃金比例描述為「珍貴的寶石」時，他也許正思考著什麼偉大的發現。畢竟，這個人的好奇心、毅力和洞察力帶來了「行星圍繞太陽運轉的軌道是橢圓形」這個重大發現，徹底改變了我們對宇宙的理解。在下一章，我們將探討這些有關幾何和數學的美妙概念，是如何得以表現在藝術中。

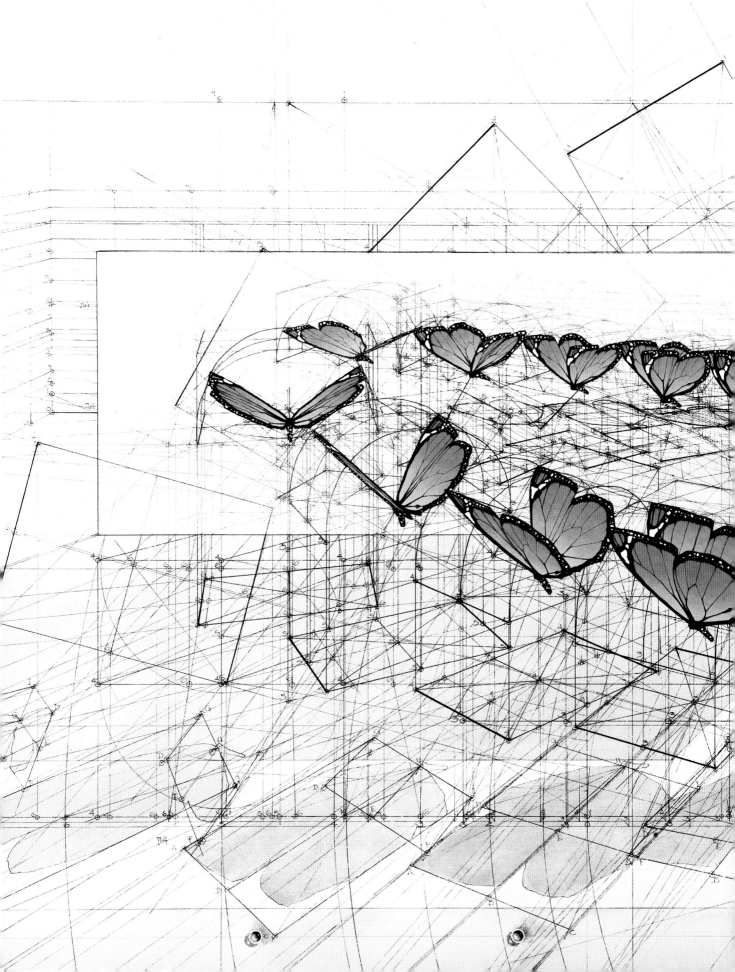

III
神聖比例

「沒有數學就沒有藝術。」[1]

——盧卡·帕西奧利
（Luca Pacioli）

「如果心手無法配合，藝術就不存在。」

——李奧納多·達文西
（Leonardo da Vinci）

我們將在這一章中研究藝術作品中出現的黃金比例，以文藝復興時期的藝術為主。這意味著，我們將從數學和幾何的絕對精確和邏輯證明，走向偏重主觀的美學世界。在接下來即將進入的這個領域，你的心會感受到一些無法以邏輯解釋的東西。這也是一個充滿爭議的世界，你會看到許多相互矛盾的主張，這些大相徑庭的觀點導致世人對黃金比例感到費解，或是產生許多誤解。現在，就由你來扮演偵探、法官和陪審團的角色吧。文藝復興時期的大師們真是特意將黃金比例應用在他們的偉大作品中嗎？我拿出了最新、最好的證據，你的任務就是審視這些證據，然後歸納出專屬於你的結論。

※ ※ ※

法國畫家霍勒斯·韋爾內（Horace Vernet）1827年的作品，表現的是朱利阿斯二世教皇委託建築師多納托·伯拉孟特（Donato Bramante）和文藝復興時期大師米開朗基羅和拉斐爾，建造世界上最大的教堂——聖彼得大教堂（St. Peter's Basilica）。

神聖比例：工具與規則

在我們審視黃金比例在人類最偉大繪畫作品中的存在（或缺失）之前，我首先要提出「工具」和「規則」的概念。對任何圖像或物件進行黃金比例的分析都可以用一些簡單、專門的工具來進行。物理物件，例如：雕像、建築物，甚至人臉，都可以用黃金比例尺測量。黃金比例尺有各種類型，其中一種有兩個支腳，相互連結於黃金比例點。另一種類型有一條中心支腳，與兩邊的支腳維持黃金比例。

如果是數位圖像，則適合用我開發的PhiMatrix軟體來分析黃金比例。該軟體可以在水平或垂直方向上找到任何尺寸的黃金比例，具備像素級的精準度。此外，還可以顯示出「黃金比例的黃金比例」，也就是其中每條線段與兩邊線段的比均為黃金比例，如下方最後一圖所示：

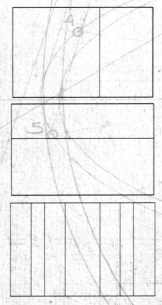

有了這些工具，你可能就會開始注意到存在於我們周遭的黃金比例。有時，這種「神聖」的比例可能是造物者的旨意；有時，則可能只是巧合。鑑於此，我提出以下準則，以辨別黃金比例是否能成為分析某一物件組成的基礎：

- **相關性**：黃金比例的出現應與該物件最突出的特徵相關。
- **普遍性**：黃金比例應出現在不止一處，而不只是巧合。
- **準確性**：出現的黃金比例應在標準資料±1%範圍內，要儘可能精確測量，並儘可能使用最高解析度的圖像。
- **簡單性**：黃金比例應以最簡單的方法應用，即藝術家或設計師最有可能使用的方法。

閱讀本書至此，你應該已經看見存在於數學之美。而義大利修士盧卡·帕西奧利（Luca Pacioli，1447-1517）卻敏銳地發現，美之中也有數學存在。大約1120年，歐幾里得的《幾何原本》透過一個拉丁語譯本重新引入歐洲。1450年印刷機發明後，這本書成為最為廣泛傳播的書籍。儘管直到15世紀90年代末才出現其他關於黃金比例的書面資料，但有證據清楚地顯示：早在14世紀40年代，藝術大師們就已經將黃金比例應用到他們的繪畫中。後來人們發現，將黃金比例應用於藝術似乎是一門「神祕科學」，我們接下來會看到，許多文藝復興時期的偉大藝術家似乎都很善於應用這門「神祕科學」，包括法蘭契斯卡、達文西、波提且利、拉斐爾、米開朗基羅這些大師。不過，是帕西奧利最早對這個特殊的數字進行了全面的研究，他稱之為「神聖比例」。

1495年的繪畫作品。畫面中，帕西奧利在繪製一張圖表，左手放在一本打開的書上，桌上有一個十二面體。帕西奧利身後的年輕人可能是他的學生——德國藝術家、博學家阿爾布雷希特·杜勒（Albrecht Dürer），當時20歲出頭，這幅畫創作期間他們正出訪義大利。

《神聖的比例》

　　盧卡・帕西奧利是一個擁有許多不同興趣和才能的人。他是方濟會修士、數學家，也是達文西的朋友，曾與達文西合作。他被稱為「會計與簿記之父」，也是歐洲第一位出版有關複式簿記體系著作的作者。1494年，他出版了長達600頁的《算術、幾何、比例總論》（Summa de arithmetica），不久之後，米蘭公爵盧多維科・斯福爾扎（Ludovico Sforza）邀請他來米蘭定居，這成了他與達文西歷史性會面的契機。帕西奧利撰寫《神聖的比例》（De Divina Proportione）時，達文西成為他的學生，跟隨他研習數學。這本書寫於1496年至1498年，1509年出版，將數學與藝術和建築相互聯繫，探索歷史上黃金比例的存在和使用。為本書繪製插圖的正是達文西本人，他和帕西奧利在15世紀90年代後期一起生活。

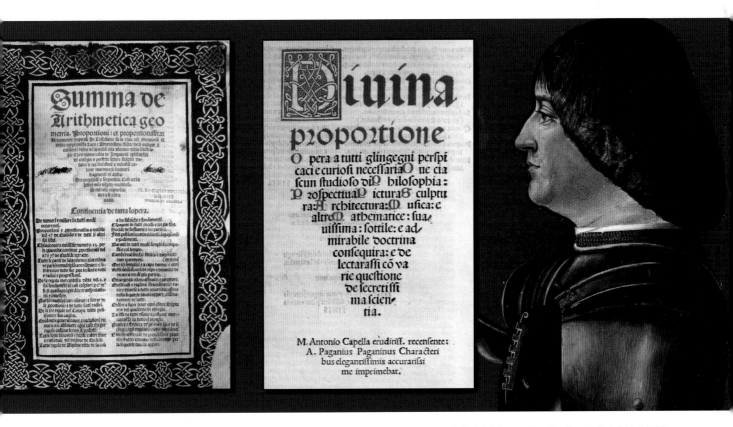

《算術、幾何、比例總論》和《神聖的比例》的書名頁，以及主導米蘭文藝復興最終且最具成效階段的斯福爾扎公爵。斯福爾扎身為達文西等一批藝術家的贊助人，於1495年左右委託了《最後的晚餐》的繪製，並促成了帕西奧利和達文西的結識。

帕西奧利在他的三卷巨著《神聖的比例》中，以開場白的形式準確地闡述了這個數學問題的廣度和深度：

「對所有富有遠見和好奇心的人而言，
這是一項必要的工作。
在這項工作中，
每一位熱愛哲學、透視、繪畫、雕塑、建築、音樂
和其他數學相關學科的人
都會發現一種非常精妙的、令人嘆服的學說，
並且會沉迷於探索一門
相當神祕的科學的各種有趣問題。」[2]

　　透過討論數學比例——特別是黃金比例——及其在藝術和建築中的應用，帕西奧利希望能讓世人瞭解和諧形體的祕密。正如我們已經看到的，有些幾何體，例如：十二面體和二十面體，其尺寸和相交線在空間位置上具有黃金比例。此外，帕西奧利還列舉了希臘羅馬建築和文藝復興時期繪畫中黃金比例的例子。我們甚至可以在他美麗的建築手記中發現字母G的黃金比例！

義大利著名雕刻師拉斐爾‧桑喬‧摩根（Raffaello Sanzio Morghen）1817年創作的中年達文西肖像版畫。

　　直到帕西奧利時代，ϕ一直是以歐幾里得所用的「中末比」此一名稱為人所知。雖然人們一直都知道ϕ的獨特性和美學性，不過是帕西奧利首次將1.618這個數字冠上「神聖」之名。神學上的意涵，再加上達文西對三維幾何結構的精確描繪，進一步促進了藝術家、哲學家和更多人對於ϕ和幾何學的研究。

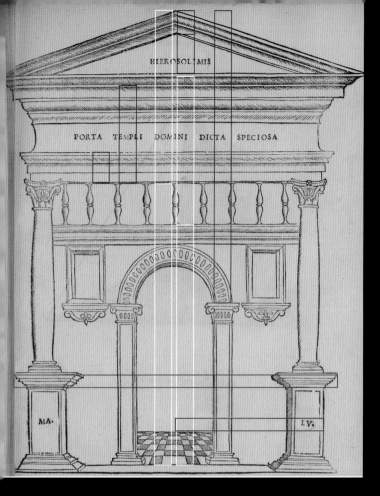

耶路撒冷所羅門聖殿大門的
木刻作品，出現在1509年版
的《神聖的比例》一書中，
其中包含了黃金比例。

左圖：帕西奧利書中所有
原創多面體插圖均由達文
西親手繪製，包括十二面
體（左）和阿基米德截角
二十面體（右）。

上圖：帕西奧利手稿中的
字母G清楚顯示了黃金比
例。

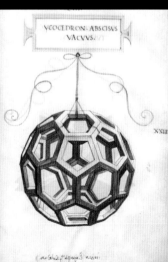

皮耶羅・德拉・法蘭契斯卡

其實，第三卷《神聖的比例》是法蘭契斯卡《五種規則形體》（Short Book on (the) Five Regular Solids）的義大利語譯本，原著是用拉丁語寫的。

雖然皮耶羅・德拉・法蘭契斯卡（Piero della Francesca，1415-1492）在他所處的時代，主要是做為數學家和幾何學家而聞名；不過現在，他則以藝術家的身分受到更廣泛的認可。

法蘭契斯卡後來寫了《繪畫透視學》（De Prospectiva Pingendi）一書，但他對透視和比例的理解和欣賞在他的早期作品中就顯而易見。在他現存的第一幅作品《耶穌受洗》（The Baptism of Christ，約1448-1450）中，我們看到法蘭契斯卡將基督完美地定位在畫布兩個邊長的黃金比例點上，也是兩棵樹之間的黃金比例點。

《鞭笞耶穌》（The Flagellation of Christ，見第65頁），可能繪於1455年到1460年之間，在僅有23×32英寸（58×81mm）的畫板上呈現了複雜的構圖。英國藝術史學家肯尼士・克拉克（Kenneth Clark）稱之為「世界上最偉大的小幅繪畫」。[3] 使用PhiMatrix軟體，可以輕易看出法蘭契斯卡在左側的空間中巧妙運用了黃金比例。耶穌位於空間寬度的黃金比例點上，無論是從地磚的變化處測量還是從入口的柱子測量。建築物都顯示出與黃金比例格線（綠線）的一致性。

另一幅暗含黃金比例的作品是《慈悲之聖母》（Polyptych of the Misericordia，見第64頁），完成於1445年至1462年間。在這幅畫中，我們看到聖母頭戴皇冠，張開雙臂居中而立。她腰帶的位置，是她身高的黃金比例點。腰帶的寬度與她兩手之間的長度呈黃金比例。

再更仔細觀察這幅畫，我們可以看到法蘭契斯卡還將黃金比例運用在其他兩處。一處是水平線上腰帶繩結的位置，是整個腰帶的黃金比例點；另一處則是繩結的垂直長度。

以上證據顯示，在帕西奧利出版《神聖的比例》60年前，文藝復興時期的畫家就已將黃金比例做為一種在繪畫中創造視覺和諧的手段。不僅如此，藝術家們也將黃金比例用應用於宗教藝術，將一種永恆或神聖的元素融入到他們的作品之中。

《耶穌受洗》，約1449年。

《慈悲之聖母》，1445-1562。

《鞭笞耶穌》，約1457年。

在這幅表現耶穌葬禮的繪畫中，也隨處可見黃金比
例。這幅畫出現在法蘭契斯卡《慈悲之聖母》中聖
母的正下方。

達文西

　　1519年，李奧納多・達文西（Leonardo da Vinci）去世半個世紀後，我們仍銘記他做為一名發明家和科學家的卓越見解。這位博學的天才在他所處的時代也是個傳奇，同時代人將他描述為「一位神聖的畫家」。身為帕西奧利《神聖的比例》一書的插圖畫家，以及丹・布朗（Dan Brown）2003年暢銷書《達文西密碼》（The Da Vinci Code）的主角，達文西一直與黃金比例密不可分。不過接下來我們會看到，達文西與黃金比例之間的聯繫，比我們所認知的要來得深遠許多。

達文西的《聖母領報》（The Annunciation，又名《聖告圖》），西元1472-1475。

在達文西還年輕的時候，在佛羅倫斯藝術家、雕塑家委羅基奧（Verrocchio）的指導下，創作了《聖母領報》——天使加百列向聖母瑪利亞宣告她將成為耶穌之母。這幅畫大約創作於1472–1475年，被認為是達文西現存最早的作品。畫中出現了一些有趣的比例。

如畫中所示，黃金比例出現在庭院牆壁、入口通道以及其他構圖要素的尺寸中。在畫的左半部分，天使的手部位置，還有背景中一棵造型非常特別的樹的位置，都貼齊了黃金比例的格線。不僅如此，基礎黃金比例網格還顯示出，這幅畫可以垂直分為三個部分，左右兩個部分與中央部分具備了黃金比例關係。

蒙娜麗莎

達文西最著名的作品是《喬孔達夫人》（La Joconde），又名《蒙娜麗莎》（Mona Lisa）。這幅畫中所運用到的神聖比例也是最常被討論的。不像《最後的晚餐》或者《聖母領報》，《蒙娜麗莎》少有直線或建築元素能做為運用黃金比例的證明。如果在網路上搜索「蒙娜麗莎　黃金比例」，你會發現一些非常有創意的分析，黃金螺線被應用在各種不同的位置、方向和尺寸上。這些分析可能看起來很武斷，彼此不一致，當然也不可能全數正確。

達文西不太可能使用我們現在所知與黃金比例密切相關的黃金螺線，因為這種對數螺線，是在100多年後才由法國數學家勒內·笛卡爾（René Descartes，1596–1650）首次提出。雖然很難知道達文西如此構圖的初衷，但最簡單、最客觀的分析方法，就是根據畫布的高度和寬度，以及人物頭部、領口和手部的幾個參考點加上黃金比例線。我們可以發現，蒙娜麗莎的左眼恰好位於畫面的中心，頭髮大致的邊緣線符合從畫面中心到畫布兩邊的黃金比例線。我們還可以發現：她的頭頂、下巴、領口與手臂之間可能存在黃金比例。

這位文藝復興時期的大師是否如圖所示，特意以黃金比例來構圖？看起來相當合理，但我們可能永遠無從得知真相。

世界名畫《蒙娜麗莎》，收藏於巴黎羅浮宮博物館。

在達文西的作品之中，最典型的運用到黃金比例的一幅就是《最後的晚餐》（The Last Supper），創作於1494年至1498年間。各種設計和建築元素都顯示出相當精確的黃金比例關係。例如，在桌面和天花板之間的空間中，耶穌的頭頂出現在中點，窗戶頂端則位於黃金比例點。在頂部，護盾圖形的寬度與拱形寬度呈黃金比例，中間護盾圖形內的條紋也位於其寬度的黃金比例點。有些人認為，就連桌邊眾門徒的位置，與耶穌之間形成神聖比例。

達文西最為知名的另一個作品是一幅創作於1490年左右的繪畫，官方名稱為《維特魯威人》（Le Proporzioni del Corpo Umano Secondo Vitruvio）。如圖所示，這幅

《最後的晚餐》，1494－1498。

畫是以古羅馬建築師、軍事工程師維特魯威（Vitruvius，約西元前75–15年）設想的理想人類比例為基礎。維特魯威在《建築十書》（De Architectura）第三卷中，提到建築比例應以人體形態做為首要參考，而理想的人體比例是軀幹為八頭身：

「肚臍自然地位於人體中心。
如果一個人臉部朝上仰躺，並伸展他的手腳，
則以他的肚臍為中心畫一個圓時，
這個圓會碰到他的手指和腳趾。
且人體並非只能以一個圓來界定，
也可以將人體放入一個方形中來界定。
測量從腳到頭頂、再到完全伸展的手臂的距離，
我們可以發現兩者測量值相等；
這些圍繞著人體、彼此垂直的線，
會構成一個方形。」[4]

維特魯維將整個人體以身高等分的方式來度量，如右側達文西插圖上的格線所示。

如圖所示，垂直高度分為四等分和五等分，水平方向分為八等分和十等分。如你所見，在垂直方向上，格線與鎖骨、乳頭、生殖器和膝蓋處對齊；水平方向上，格線與手腕、肘部和肩膀對齊。

《維特魯威人》也有一些尺寸與黃金比例有關。從額頭頂端到腳底的這段距離之間，全都是黃金比例點：

右頁：《維特魯威人》，約1490年。

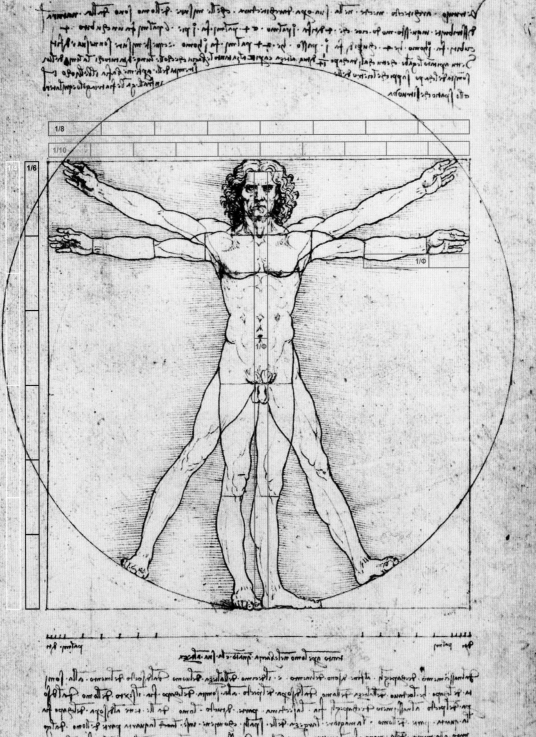

- 肚臍（與整體身高亦成黃金比例）。
- 乳頭。
- 鎖骨。

從手肘到指尖的這段距離，手腕處位於黃金比例點。

2011年，一幅失傳的達文西油畫被公諸於世。這幅畫名為《救世主》（Salvator Mundi），1649年被英國國王查理斯一世收藏。1763年，這幅畫在拍賣會上售出，並在其後數年之中銷聲匿跡。一位藝術史學家兼私人畫商羅伯特·西蒙（Robert Simon）主導了這幅失傳名畫的修復工作，讓這幅畫在紐約藝術品修復師黛安娜·杜懷·莫代斯蒂尼（Dianne Dwyer Modestini）的手下重現了昔日的輝煌。這幅畫具備許多讓專家們認定它確實是達文西真跡的特徵，也是達文西目前僅存的15幅作品之一。2017年，這幅畫在佳士得拍賣會上以破紀錄的4.5億美元高價拍賣給了沙特王子巴德爾（Bader bin Abdullah bin Mohammed bin Farhan al-Saud），隨後在當時剛於阿布達比落成的羅浮宮分館展出。[5]

與風景畫和建築畫相比，肖像畫通常沒有那麼多清晰的線條；但在這幅畫的整體構圖中，有一些相當有趣的地方與黃金比例有關。例如，其中關鍵元素的尺寸，彼此之間呈黃金比例。如果從頭部開始，以頭部的高度為邊長建構黃金矩形，我們可以發現：

- 手部的尺寸與矩形的寬度之間存在黃金比例。
- 玻璃球的尺寸與矩形的長度之間存在黃金比例。
- 衣服上刺繡紋章的尺寸與矩形的長寬之間都存在黃金比例。

如果進一步分析，我們還能發現水平方向上存在更多的黃金比例：眼睛外側相對於畫布的寬度、中央刺繡紋章的寬度相對於領口的寬度、寶石的寬度相對於刺繡紋章的寬度，以及手指的位置相對於手部的寬度。在垂直方向上，黃金比例則存在於：頭的高度相對於領口的高度（跟《蒙娜麗莎》相同）、寶石的高度相對於刺繡紋章的高度、手指的位置相對於手的高度，以及玻璃球上幾個反光點的位置等。

《救世主》，約1500年，迄今為止售價最高的畫作。

《救世主》的仿畫，左邊的出自義大利畫家米歇爾·科爾泰利尼（Michele Coltellini），右邊的作者是自波西米亞蝕刻藝術家瓦茨拉夫·霍拉爾（Wenceslaus Hollar）。這些仿畫也能幫助藝術史學家確定達文西真跡的存在。

　　我們無法確定達文西是否特意在這幅畫的構圖中運用了神聖比例。我們只知道，他在此之前的繪畫中曾大量使用黃金比例，而這幅以耶穌為主題的畫作則是在他與帕西奧利合作《神聖的比例》那幾年內開始創作的。達文西曾說：

「世界上有三種人：先知先覺者，後知後覺者，不知不覺者。」[6]

　　雖然帕西奧利是達文西的數學導師，但或許帕西奧利對黃金比例獨特美學的欣賞，反而來自達文西和法蘭契斯卡，畢竟在他寫下《神聖的比例》之前，他們兩人都已在繪畫作品中運用黃金比例多年。

桑德羅・波提且利

　　桑德羅・波提且利（Sandro　Botticelli，1445–1510）於1482年至1485年間創作的《維納斯的誕生》（The Birth of Venus），是15世紀義大利美術中最著名的作品。它以奧維德的《變形記》（Metamorphoses，拉丁文學的經典之作）為基礎，描繪了愛神維納斯，旁邊是她的女僕春之女神（Hora of Spring），還有風神澤費羅斯（Zephyros）。

　　在這幅畫裡，我們也發現了黃金比例的運用——遠早於《神聖的比例》一書的寫作時期。首先，畫布本身的尺寸為67.9×109.6英寸（172.5×278.5mm）。[7]寬與高的比為1.6168，與黃金比例1.618相差僅0.08%。換個角度來說，如果要使這張畫布呈現精確的黃金比例，只需減少不到二十分之一英寸的畫布高度！這幅畫的寬度是109.6英寸

《維納斯的誕生》，約1485年。

佛羅倫斯畫家貝諾佐·戈佐利（Benozzo Gozzoli）所創作的《小王隊
列》（The Procession of the Youngest King，1459－1461，出自《三
王來朝》壁畫）。波提且利的贊助人羅倫佐·德·麥地奇（Lorenzo 「Il
Magnifico」 de Medici）也出現在這幅畫中。

（278mm）。數字似乎有些隨意？但這其實是因為在那個年代，計量單位尚未標準化。例如，中世紀時西班牙的1英尺是10.96英寸（27.8mm）。也就是說，它的尺寸完全不是隨意得出，而是精心規劃的完整10「英尺」寬。不管怎麼看，我們都可以得出這樣的結論：波提且利的初衷，就是在完美的黃金比例之下開始創作這幅偉大的作品。

有趣的是，《維納斯的誕生》是托斯卡尼有史以來第一幅畫在畫布上的作品。這幅革命性的作品，是波提且利送給他的贊助人麥地奇家族（一個在政治和經濟上非常強大的家族）一位成員的結婚禮物。在那個藝術創作主要受到基督教啟發的時代，繪畫中很少會出現裸體。在婚床上方掛起這樣一幅裸體畫，是對感官和欲望的暗示，這在當時相當令人震驚。這幅畫引起了非常大的爭議，在創作後被封藏了50年之久。

波提且利在《三博士來朝》（The Adoration of the Magi，約1475年）中的自畫像。

這幅畫中的幾個重要元素也精準落在黃金比例點上：

- 從左到右的垂直黃金比例線恰好落在春之女神拇指與食指的觸摸點上，就好像她「抓住」了這幅畫的黃金比例，在「觸摸」某種神聖的東西。
- 從右到左的垂直黃金比例線落在地平線上陸地與海洋的交匯處。
- 從上到下的水平黃金比例線正好出現在貝殼的頂端。
- 從下到上的水平黃金比例線出現在地平線處，尤其是左側部分，更是與地平線完美重合，中間部分則穿過維納斯的肚臍。

另外，畫面主角維納斯的肚臍位於其身高的黃金比例點，無論是從頭髮頂部到較低的那隻腳腳底，還是從前額的髮際線到較高的那隻腳腳底，或者是從兩腳中間到頭頂都是。

1485年至1490年間，波提且利還創作了一系列「聖母領報」主題的油畫。天神與凡人相遇的主題，運用「神聖比例」再適合不過。請注意：這些畫作，除了一幅之外，都可以應用基於畫布高度和寬度的黃金比例格線，構圖的位置也就無需再進行什麼創造性的解釋了。

上圖：《聖母領報之塞斯特洛》（The Cestello），1489年。

右頁：波提且利的這一幅《聖母領報》收藏於莫斯科普希金美術博物館。

下頁上圖：文藝復興的發源地——佛羅倫斯。現代全景鳥瞰。

下頁下圖：《聖母領報》，約1488－1490，波提且利為聖馬可教堂（Saint Mark）創作的祭壇畫。

拉斐爾

《自畫像》，拉斐爾，約1504－1506。

拉斐爾·聖齊奧（Raffaello Sanzio da Urbino，1483–1520），常稱拉斐爾，義大利文藝復興時期畫家、建築師。拉斐爾是公認的三位文藝復興大師之一，與同時代的米開朗基羅和達文西齊名。拉斐爾最知名的作品是梵蒂岡教宗居室裡的壁畫《雅典學院》（The School of Athens），其體現了文藝復興的精神，被視為拉斐爾的傑出之作。這幅壁畫的創作始於1509年，也就是帕西奧利的《神聖的比例》出版的那一年，並於兩年後完成。

如果你好奇拉斐爾是否在這幅畫的構圖中使用了黃金比例，只要將黃金矩形置於畫作前部中央，就能夠完全解開你的疑惑。就彷彿拉斐爾在你提出這個問題之前，就已經低調但不容置疑地宣布他要使用黃金比例了。這個小矩形的尺寸約為18×11.1英寸（46×28mm），在整幅畫上是個非比尋常之處。也許這個位置曾放上過這幅畫的題名或對於此畫的描述？我們可能永遠無從得知答案。

在這幅畫的構圖中，沒有其他比例能達到相同的效果。這幅畫有上千條錯綜複雜的線條，所以有人可能會說，不管拉斐爾是否特意運用黃金比例，要在其中找到它也很容易。有兩種方法可以解決這個異議：

1. 將PhiMatrix軟體中的「線條比例」（Line Ratio）選項設置為任何其他比例，看看結果是否與設置為黃金比例時數量那麼多，或那麼一致。
2. 專注於構圖中的主要元素。例如，畫作在寬度和高度上的黃金比例線與最前方的拱門、樓梯頂部和最遠拱門頂部的位置重合。

《雅典學院》，拉斐
爾，1509－1511。

　　其他主要構圖元素中也有黃金比例，如圖所示。顯而易見，拉斐
爾對黃金比例的運用錯綜複雜，也爐火純青。如果你想更細緻、深入地欣賞拉斐爾在這幅
畫中對尺寸比例的設計和運用，請仔細端詳右頁圖片：

- 每個矩形都從畫中左側立柱的左邊開始。這個點代表了實際學院建築的第一個建築
  參考點（從壁畫的拱門向內看）。
- 每個矩形都延伸到畫面右側的一個顯著構圖元素。
- 每一條分界線都形成這幅畫中另一個顯著構圖元素的黃金比例。

米開朗基羅

另一位文藝復興時期的大師,米開朗基羅(Michelangelo di Lodovico Buonarroti Simoni,生於1475年),他的作品,也為黃金比例在文藝復興時期繪畫中的顯著地位提供了令人矚目的明證。透過對西斯汀教堂壁畫的分析,我們發現在構圖的主要元素中有二十多處存在黃金比例。

其中最令人吃驚的一個就是教堂的穹頂壁畫《創造亞當》(The Creation of Adam),亞當的手指和上帝的手指相觸的那一點,正是這幅畫水平與垂直方向上黃金比例線的交匯點。

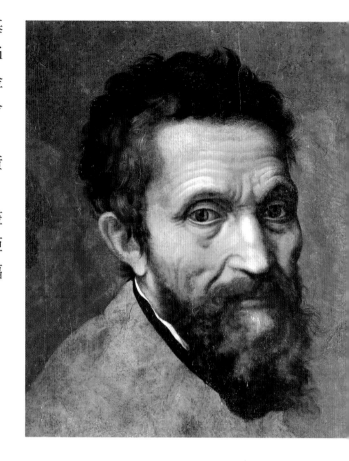

右圖:《米開朗基羅》,義大利畫家達尼埃萊・達・伏爾特拉(Daniele da Volterra),約1544年。

下圖:米開朗基羅創作的西斯汀教堂穹頂壁畫,完成於1508年至1512年間。

《創造亞當》。

米開朗基羅在西斯汀教堂的其他壁畫也如法炮製——人物的手總是會觸碰到黃金比例點。右頁下方的這張照片上的格線顯示了每幅畫的高度和（或）寬度的黃金比例。在某些畫作中，手的位置彷彿正「抓住」這個黃金比例，這可以視為一種人類渴望抓住「神諭」的視覺隱喻。

《原罪與逐出樂園》（The Fall and Expulsion from the Garden of Eden）。

《創造夏娃》（The Creation of Eve）。

《神分水陸》（The Separation of the Earth from the Waters）。

西斯汀教堂中央穹頂上有九幅聖經敘事畫，最後一幅是關於諾亞的恥辱。這幅畫本身，其尺寸就與黃金矩形相差不超過2％。而在畫中，諾亞兩個兒子的手指直接指向了畫作四邊上的黃金比例線。他們就好像在對觀者展示這兩條線的確切位置，證明米開朗基羅確實運用了神聖比例。

西斯汀教堂半圓壁畫。這幅畫有好幾個名字：《撒門》（Salmon）、《波阿斯》（Boaz）、《奧貝德》（Obed），都是《聖經舊約‧路得記》裡面的人物。在壁畫中，路得懷裡抱著嬰兒奧貝德。

《諾亞之醉》（The Drunkenness of Noah）。

西斯汀教堂半圓壁畫。這幅畫有好幾個名字：《撒門》（Salmon）、《波阿斯》（Boaz）、《奧貝德》（Obed），都是《聖經舊約‧路得記》裡面的人物。在壁畫中，路得懷裡抱著嬰兒奧貝德。

如果你仍對米開朗基羅是否在他的史詩級作品中使用了神聖比例存疑，那就看看西斯汀教堂側壁上那些《耶穌基督先人族譜圖》吧。其中每一塊名牌的高與寬，都呈現黃金矩形，誤差不超過一兩個像素。所有壁畫的平均高寬比為1.62，精確至黃金比例1.618的1/1000。

米開朗基羅的一系列偉大繪畫作品，都是在1508年至1512年間為朱力阿斯二世教皇和羅馬天主教會的幾位繼任教皇創作。因為帶有明顯的宗教意涵，所以米開朗基羅大量使用神聖比例，為他對聖經的詮釋帶來數學和視覺上的和諧，這並不足為奇。反過來想，如果他和文藝復興時期的其他大師沒有這樣做，那才更令人吃驚。

上圖：現代梵蒂岡城景色。梵蒂岡城是羅馬天主教堂所在地，中心是聖彼得大教堂。

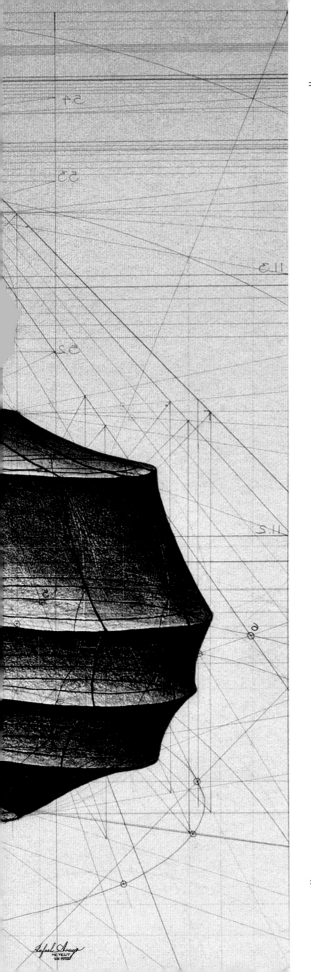

IV

黃金建築
與設計

「有些人說可以從我的繪畫裡
看到詩歌；而我只看到科學。」[1]

——喬治‧秀拉
（Georges Seurat）

我們所看到或聽到的一切，都可以用數學和幾何學來表達。數學就存在於一幅城市街景，正交線匯集於地平線消失的那一點之中。數學也存在於你的電腦螢幕上每個像素紅、綠、藍的256個數值，產生出能夠定義所有圖像的16,777,216種獨特顏色組合。[2]不管是任何一首歌，那優美旋律中的某段美妙時刻，也都可以用數學上頻率和振幅的組合來表達。

正如我們所看到的，藝術家和哲學家癡迷於黃金比例的諸多獨特屬性，激發了他們對這個數字在藝術中的運用。我們無從得知這是從何時何地開始，但有證據表明，古埃及人很早就認知到這個特殊數字的獨特屬性。

ϕ、π 和吉薩金字塔

　　吉薩金字塔群（Great Pyramid of Giza），位於現代開羅城以南約10英里（16公里），尼羅河以西約5英里（8公里）處，四千多年以來，它們在全人類的心中一直是一個崇高的存在。吉薩金字塔包含三座巨型金字塔，佇立於一片黃沙之中，是繁榮的埃及第四王朝三位法老：胡夫（Khufu）、胡夫的兒子卡夫拉（Khafre）和孫子孟卡拉（Menkaure）的陵墓。著名的斯芬克斯人面獅身像（Sphinx），即是卡夫拉的容貌，為於卡夫拉金字塔以東約500公尺處。即使在我們這樣技術先進的時代，考古學家也對能將成千上萬2噸重的石灰石塊運到此地，並精確建築成體積如此巨大結構的不可思議技術和人力感到驚奇。

大金字塔

　　大金字塔（The Great Pyramid），也稱胡夫金字塔或基奧普斯金字塔（Cheops，胡夫的希臘名），是古代世界七大奇觀中最古老的一個，也是唯一一個基本上完好無缺的世界奇觀。關於大金字塔設計中使用的幾何學原理，目前仍有爭論。普遍認為這些金字塔大約建於西元前2,560年，外面曾有平滑的外殼，現在已經消失，剩下的只有粗糙的內

吉薩，埃及第三大城市。在城外的廣袤沙漠之中，佇立著擁有五千年歷史的吉薩金字塔群。

芯，所以很難完全確定其原始尺寸。不過幸運的是，金字塔頂端仍保留著部分外殼，讓考古學家可以進行較為精確的估算。

關於大金字塔的尺寸是否高度精確地呈現出圓周率和黃金比例，幾乎沒有爭議。唯一的爭議是：古埃及人是否早已知道這些數字，並特意將其運用於設計中。那麼，大金字塔是如何呈現這些數字的呢？從我們以下即將探討的各種測量資料著手，有幾種可能性。

從這張早期的照片上，能看到19世紀末生活在大金字塔附近的遊牧民族貝都因人。

1. 基於 φ 的金字塔與大金字塔的估算尺寸僅相差0.07%。

　　本書第11頁曾提到，φ是唯一一個其平方比為本身加1的數。克卜勒將這個特性與畢氏定理結合，得出克卜勒三角形。用克卜勒直角三角形的三個邊長√Φ、1和φ來定義金字塔的高度和四條邊的長度，則可得出一座底寬為2，高度為√Φ（在十進位計數法中這個數字約為1.272）的金字塔，其高度與底寬之比約為0.636。

　　大金字塔的原始高度估算值為480.94英尺（146.59公尺），底寬估算值為755.68英尺（230.33公尺），3也形成了0.636的高寬比。

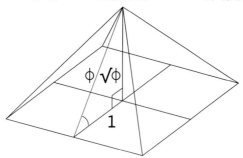

　　此一結果表明，大金字塔確實代表了克卜勒三角的一個應用實例，至少精確到小數點後三位。如果底部正好是755.68英尺（230.33公尺），那麼按照完美的黃金比例，高度應該是480.62英尺（146.49公尺），與大金字塔的實際高度相差僅3.85英寸（0.10公尺），即0.067%。如果設計與黃金比例一點關係都沒有的話，那麼這還真是一個不可思議的巧合。

　　以克卜勒三角形為基礎的金字塔還有其他有趣的特性。例如，四個側面的面積與底面面積成黃金比例：

- 金字塔側面每個三角形的面積，等於底面長度（2）的一半乘以高度（φ），得出的結果為φ。
- 底面的面積為2×2，結果為4。
- 因此，四個側面的面積（4φ）與底面面積（4）之比為φ。

2. 基於 π 的金字塔與大金字塔的估算尺寸僅相差0.03%。

　　1838年，阿格紐（H. C. Agnew）在《給亞歷山大的一封信：關於圓的正交實際應用的證據》[4]中提出了一個有趣的假說：如果埃及人是根據與金字塔底面具有相同周長和和面積的圓的半徑來計算金字塔的高度呢？請想像這樣一個圓：周長為8，等於一個底寬為2的金字塔的周長。將圓周除以 2π 計算這個圓的半徑，得到的數值是 $4/\pi$ ，也就是約1.273——比用克卜勒三角形計算所得的1.272小0.1%。用金字塔的底寬755.68英尺（230.33公尺）乘以上面那個數值的一半，得到高度481.08英尺（146.63公尺）。兩種方法計算得出的高度相差僅5.5英寸（0.14公尺），與吉薩金字塔的估算高度相差僅1.7英寸（0.04公尺）。

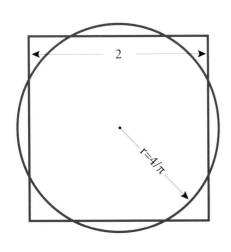

這個圖形顯示了底寬為2的金字塔與周長為8的圓（與金字塔底面周長相同）的半徑之間的關係。

3. 基於面積的金字塔與基於 ϕ 的金字塔具有相同的幾何結構。[5]

　　吉薩金字塔雖然與 ϕ 和 π 有著密切的關係，但它的建造方式還有另外一種可能，那就是：它是根據另一種完全不同的方式來建造的，使用這種方式剛好會產生與 ϕ 相近的關係。希臘歷史學家希羅多德（Herodotus）在他的著作中提到大金字塔的高度和其中一個面的面積之間的關係。他的說法很模糊，後來常引起爭論，他是這麼表達的：

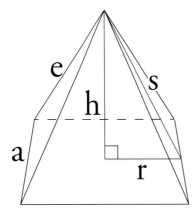

一個面的面積 ＝ 根據高度（h）建構的圓的面積

$$(2r \times s) / 2 = h^2$$

根據畢氏定理，我們知道，$r^2 + h^2 = s^2$，也就是說 $h^2 = s^2 - r^2$

那麼，$r \times s = s^2 - r^2$

當r = 1，我們發現，s = s² − 1。回想一下第11頁的內容（φ是唯一一個其平方比為本身加1的數），因此，當我們求解s時，φ是這個方程的唯一正解。總結來說，我們發現，如果上述高度和面積的關係是決定大金字塔尺寸的基礎，那麼大金字塔就擁有完美的φ比例，不管這種比例是否是其設計者的初衷。

4. 基於古埃及「賽克德」的金字塔與大金字塔的估算尺寸僅相差0.01%。

大金字塔很有可能是基於「賽克德」（seked或seqed）建造的，也就是以古埃及皇家度量單位「肘尺」（cubit）來表示金字塔的斜率，即長度（底寬的一半）與高度的比。「賽克德」這個概念出現在出土的埃及紙莎草紙上，包括西元前1550年左右著名的萊因德數學紙草書（Rhind Mathematical Papyrus），但古埃及皇家的計量單位最早可追溯到西元前3000年，[6]在吉薩金字塔建造之前。古埃及皇家計量單位的1肘尺相當於20.7英寸（52.5mm）或7掌尺（palm）；1掌尺等於4個指寬（digit）。現代勘測顯示吉薩金字塔擁有5.5的「賽克德」斜率，也就是長度（底寬的一半）5.5掌尺（即5掌尺2指寬），高度1肘尺（即7掌尺）。[7]由於這裡的長度是底寬的一半，則基於這種度量方式，高度與底寬比為7／11或0.63636。如果我們將最新測量所得的精確資料——底寬755.68英尺（230.33公尺）——乘以這個比例，得出的估算高度為480.87英尺（146.57公尺），比大金字塔的實際估算高度只少了0.6英寸（0.016米），真是難以置信！

巴勒莫石碑（Palermo Stone）上的一部分，記錄了尼內特吉王統治時期（King Nynetjer，西元前2845年）尼羅河洪水水位，計量單位為肘尺、掌尺和指寬。

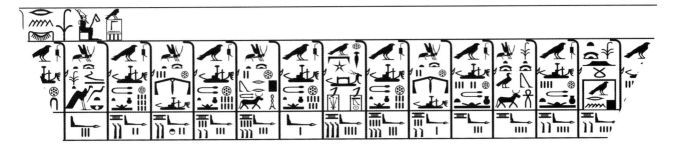

我們確實無法完全論定金字塔到底是如何設計的，也許某些幾何關係和概念的知識曾經存在，又在後來遺失了。但我們十分能確定：埃及人以令人驚嘆的精確度建造了金字塔，一切都是計算好的，沒有偶然，這一點可以用金字塔與正北方向對齊誤差小於1/20度來證明。可能是設計者選擇的方法，讓這些金字塔產生了與基於 ϕ 和 π 的金字塔幾乎相同的幾何關係。

　　如果古埃及人對黃金比例的瞭解和運用僅限於大金字塔異常準確的尺寸，那麼我們尚有理由認為這只是一種偶然。然而，我們現在還有其他的證據：每座金字塔在吉薩金字塔群遺址上的位置以及彼此之間的相對尺寸，也存在著黃金比例。這些最新發現讓黃金比例的古老應用更加令人信服。

吉薩金字塔群鳥瞰圖。

比較胡夫、卡夫拉與孟卡拉金字塔

　　將三座金字塔視為一個整體。使用衛星圖像，以兩座最大的金字塔——胡夫金字塔和卡夫拉金字塔——的底邊為界建構一個矩形，你會發現，卡夫拉金字塔東側的底部邊緣幾乎對齊黃金比例線（從矩形的東側邊緣到西側邊緣的黃金比例線）。你還會發現一個與黃金比例相差無幾的比率：胡夫金字塔的北側邊緣和卡夫拉金字塔的北側邊緣之間的距離，與卡夫拉金字塔南北邊緣之間的距離之比。

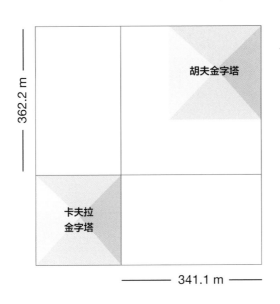

　　上述的幾何關係，存在於吉薩金字塔群中的距離資料——根據考古學家格倫・達什（Glen Dash）的計算——已得到了證實。[8]例如，以兩座較大金字塔的邊緣為界建構的矩形，寬度約為1825.5英尺（556.4公尺），長度為1894.4英尺（577.4米）。同時，卡夫拉金字塔的底寬為707英尺（215.3公尺）。[9]如果我們用剛才那個矩形的兩個邊長減去這個數字，可以發現：胡夫金字塔的東側邊緣和卡夫拉金字塔的底部之間的距離為1119.1英尺（341.1公尺），胡夫金字塔的北側邊緣和卡夫拉金字塔的底部之間的距離為1188.3英尺（362.2公尺）。用矩形邊長除以這兩個距離，得到的比值分別是1.631和1.594。兩者的平均值為1.613，非常接近1.618。

　　克里斯・泰爾（Chris Tedder）對吉薩金字塔遺址的分析，[10]顯示出三座金字塔的頂點位置與黃金比例之間存在更簡單、更清晰的關係：兩個黃金矩形（一為縱向，一為橫向）的角剛好與每座金字塔的頂點重合，如下頁所示。

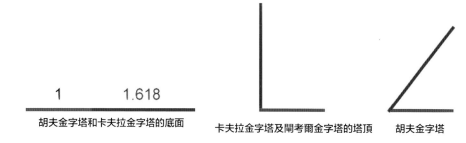

1   1.618

胡夫金字塔和卡夫拉金字塔的底面　　　　卡夫拉金字塔及閣考爾金字塔的塔頂　　　胡夫金字塔

　　同樣，根據格倫·達什對吉薩金字塔遺址的精確測量，胡夫和卡夫拉兩座金字塔塔頂之間的東西距離為1095.5英尺（333.9公尺），卡夫拉和孟卡拉塔頂之間的東西距離為785.76英尺（239.5公尺）。從北到南，塔頂之間的距離分別為1162.4英尺（354.3公尺）和1265.4英尺（385.7公尺）。據此，我們可以建構兩個矩形，尺寸分別為1881.2×1162.4英尺（573.4×354.3公尺，如下圖藍線所示）和1265.4×785.76英尺（385.7×239.5公尺，紅線所示）。其中較大的矩形擁有完美的黃金比例，另外一個的比例與 ϕ 相差不超過0.08。

泰爾網格顯示了根據孟卡拉金字塔（左）、卡夫拉金字塔（中）和胡夫金字塔（右）之間的距離建構的兩個黃金矩形。（註：該圖上方朝西。）

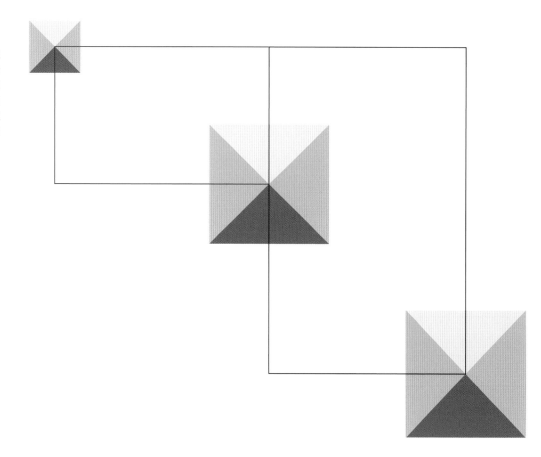

根據吉薩金字塔遺址最新測量結果，三座金字塔之間的幾何關係可以總結如下：

- 胡夫金字塔東側和北側邊緣與卡夫拉金字塔底部之間的距離，與卡夫拉金字塔底寬的比，平均值約為1.618。
- 胡夫金字塔和孟卡拉金字塔塔頂之間東西向的距離，與胡夫和卡夫拉金字塔塔頂南北向的距離，比值為1.618。
- 以胡夫金字塔的尺寸建構一個直角三角形：以金字塔的高度為高，四個斜面的高為斜邊，塔頂與底邊的水準距離為底。斜邊與底的比為1.618，與克卜勒三角形相同。

王后金字塔

在吉薩遺址東面，靠近胡夫金字塔的地方，有三座較小的金字塔，普遍認為是胡夫的母親赫特菲瑞絲一世王后（Queen Hetepheres I）、他的妻子梅麗提絲一世王后（Queen Merititites I）以及另一位妻子荷努森（Henutsen，也可能是胡夫的女兒）的陵墓。[11]如下圖所示，這三座金字塔的總和邊長，與梅麗提斯和荷努森兩座金字塔的邊長，二者之比為 ϕ。

孟卡拉金字塔的南面，就是三座皇后金字塔。儘管形狀不規則，但是南側底部轉角之間的距離，也呈現出黃金比例。

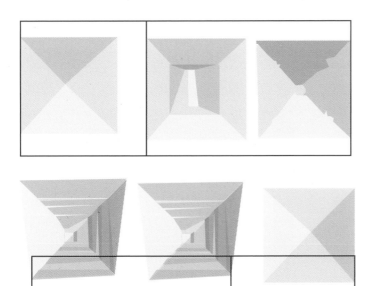

上圖：從衛星上看，胡夫金字塔旁邊的三座金字塔的位置，呈現出黃金比例的關係。

下圖：衛星圖顯示，三座王后金字塔的南側邊緣，也體現了黃金比例。

右圖：黃昏中壯麗的人面獅身像。俄羅斯畫家烏里揚諾夫（V. F. Ulyanov，1878－1940）1904年作品。

下圖：從衛星上看，人面獅身像的兩側都體現了黃金比例。

人面獅身像

　　吉薩遺址上還有一座重要的代表性建築物，我想不應該把它排除在我們的分析之外，那就是人面獅身像（斯芬克斯）。我們再次利用衛星拓撲圖像。計算每一側的邊長，以及每側前爪和後爪之間的距離，在這些資料的關係當中，我們又發現了黃金比例！

　　關於金字塔的歷史、數學、設計和建造目的，還有很多待釐清的地方；但有一件事相當清楚：吉薩遺址的許多關鍵特徵，都近乎完美地體現了黃金比例的幾何屬性。我希望這些發現和分析能激勵其他人進行更多的研究。而現在，我們還是有一個問題：為什麼古埃及人要為吉薩金字塔選擇這種特殊的結構？因為看起來更美、更貼近自然嗎？如果不是，那麼為什麼黃金比例在這個古代世界最著名的遺跡中如此普遍？

菲迪亞斯和帕德嫩神廟

古希臘雕塑家、畫家、建築師菲迪亞斯（Phidias），生活在西元前480年到430年之間。特別提起這個人，是因為他是使用希臘字母 φ 來代表數字1.618的第一人。儘管他沒有保留下任何一件真跡，但仍有許多複製品流傳於世。他的偉大作品之一是奧林匹亞宙斯神廟（Temple of Zeus）的宙斯雕像，也是古代世界七大奇觀之一。希臘帕德嫩神廟（Parthenon）裡面的許多雕像也出自他之手，包括雅典娜女神的雕像，一些證據表明他在這些雕像中運用了黃金比例。雖然宙斯和雅典娜的雕像未能留存下來，但他的偉大藝術成就仍然存在於古希臘的聖典中，以及雅典衛城的古建築群中，這些不朽的建築物如同古典希臘經典藝術紀念碑，俯瞰著雅典城。

帕德嫩神廟位於雅典，由古希臘人在西元前447年至438年建造，當代許多人視其為在建築中運用黃金比例的經典範例。當然也有人不同意，他們指出，從帕德嫩神廟竣工到黃金比例首次出現於文獻中（歐幾里得的《幾何原本》），中間相差了一個多世紀。

19世紀的繪畫作品，描繪了菲迪亞斯在奧林匹亞用黃金和象牙雕刻的大型宙斯雕塑。這座雕塑是世界七大奇觀之一，高39英尺（12公尺），[13]飾以繪畫和寶石。

為什麼用希臘字母 φ？

直到二十世紀初，希臘字母 φ 才首次用來表示黃金比例。西奧多·安德烈庫克爵士（Theodore Andrea Cook）在其1914年的數學著作《生命曲線》（The Curves of Life）第420頁中，提到了美國數學家馬克·巴爾（Mark Barr），認為是他引進了這個符號來代表1.618，「部分原因，是因為對於那些經常與 π 打交道的人而言，這個符號的發音很熟悉；部分原因，是因為它是菲迪亞斯名字的第一個字母，而在菲迪亞斯的雕塑作品中，只要測量凸點之間的距離，就會發現這種比例無處不在。」[12]然而，有些學者認為使用 φ 更有可能與費波納契有關，因為希臘字母 φ 對應英文字母 F——費波納契名字的英文首字母。

要想確定帕德嫩神廟的建築師是否特意將1.618這個數字運用於設計中，有幾點難處：

- 帕德嫩神廟，室外有46根立柱，室內有39根，彼此之間距離不定，這其中存在了太多數字與比例太多。
- 帕德嫩神廟現已部分坍塌，導致其原始特徵和高度資訊只能倚靠推測。

黃金比例最常見的兩個表現方式——黃金矩形和黃金螺線——出現在帕德嫩神廟較窄一側的尺寸中，如後頁圖片所示。不過，此一假設

上圖： 帕德嫩神廟遺址，座落在山石嶙峋的衛城上，高高聳立於現代雅典城市景觀之上。

左頁： 巴黎雕塑家艾梅·米勒（Aimé Millet）1887年創作的菲迪亞斯雕像，包含菲迪亞斯著名雕塑作品《帕德嫩神廟的雅典娜》（Athena Parthenos）迷你復原件，原雕塑曾佇立於帕德嫩神廟。

上圖：德國畫家奧古斯特・奧爾伯恩（August Ahlborn）1836年創作的《希臘全盛時期景象》（View into the Heyday of Greece），描繪了古希臘人建造帕德嫩神廟的場景。

下圖：荷蘭裔英國畫家勞倫斯・阿爾瑪–塔德瑪（Lawrence Alma-Tadema）1868年作品。畫中，菲迪亞斯（中央）在向朋友們展示帕德嫩神廟的牆頂橫飾帶。

要求黃金矩形與第二級臺階的底部對齊，並與頂部三角牆的頂點位置對齊。這樣對齊之後，立柱的頂部、屋頂的底部與帕德嫩神廟的高度會呈現近似的黃金比例。不過，這還不是古希臘人特意在這座標誌性建築的設計中使用黃金比例的最有力證據。

如果將黃金比例格線應用到建築的簷部，可以發現其他有趣的比例。放大簷部、上面的柱間壁圖案及三分隔號圖案，就能發現簷部的水平分界線位於其高度精確的黃金比例點上。我們還發現，包圍著柱間壁圖案的是一個美麗的黃金矩形；而三分隔號的寬度，和柱間壁圖案的寬度之間也呈現黃金比例。

帕德嫩神廟遺跡，擁有將近2500年歷史，黃金比例的運用顯而易見。

德國建築師、藝術批評家戈特弗里德·森佩爾（Gottfried Semper）對帕德嫩神廟牆頂橫飾帶的彩色復原圖局部特寫。圖上可以更清楚地看到，柱間壁圖案和三分隔號圖案之間的黃金比例關係。

最後，我們再來看看帕德嫩神廟的平面圖。圖上顯示，較短的一側由8根柱子支撐，較長的一側由17根柱子支撐。較短一側的內側每邊有6根柱子，柱子後面是兩個內室的入口。我的分析顯示：

- 將東、西兩個內室分隔開的牆，非常接近與東、西兩側外側柱子的中心對齊形成的矩形的黃金比例線。
- 西側內室4根柱子的中心和雅典娜雕像的底座，正好位於南北室外柱子中心之間距離的兩個黃金比例點。
- 兩個內室的入口，正好位於每個內室南北牆之間距離的黃金比例點。

帕德嫩神廟建成四百多年後，羅馬軍事工程師維特魯威（見第70頁）在他的名著《建築十書》（約西元前20年）中提出了他認為完美的羅馬建築平面圖，其中存在大量黃金比例。從這一點看來，他似乎已經意識到古希臘人在其藝術和建築中運用了黃金比例。

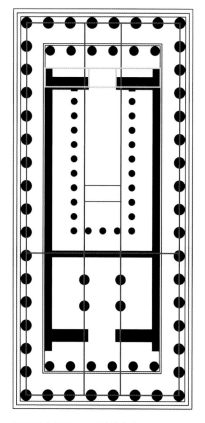

帕德嫩神廟平面圖中的黃金比例。

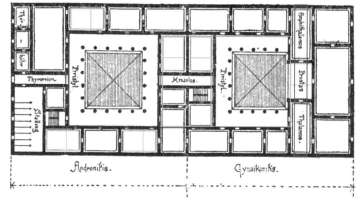

維特魯威《建築十書》中理想的希臘住宅平面圖。圖中出現大量黃金矩形以及與φ相關的比例。

黃金大教堂

　　在基督教開始大行其道的歐洲，建造令人敬畏的大教堂，是人們內心對上帝榮耀無限崇敬的外在表現，也是營造未來幾個世紀社會公共生活的核心。同時，大教堂的設計也是中世紀歐洲社會創造力的一個表現出口。每座教堂的建造都需要經濟、技術、藝術和物質上的巨大資源，每一座教堂都是社會全體大眾懷著無比的雄心和熱情同心協力、共同努力的成果。大教堂的修建往往要花上一個世紀，激勵著一代代人為了比他們的生命更漫長的神聖事業而奮鬥。

法國巴黎聖母院，其北側的玫瑰花窗體現了「神聖比例」。

現存最精美的大教堂之一，1163年在主教莫里斯‧德‧蘇利（Maurice de Sully）主導下於巴黎動工。莫里斯於1196年去世。1225年，西側立面終於修建完成。又過了一個世紀，整個大教堂才宣告落成。直至近800年後今日，它仍是巴黎最著名的旅遊景點：聖母大教堂（Notre-Dame Cathedral），即巴黎聖母院（註：巴黎聖母院於2019年4月發生火災，導致部分建築被燒毀）。有趣的是，西側立面，以及北側的哥特式彩繪玻璃玫瑰窗，其尺寸上都體現了黃金比例。

在巴黎聖母院動工不久，另一座大教堂在巴黎西南約50英里（80公里）的沙特爾開始建造。該座教堂於1220年建成，和巴黎聖母院一樣隨處可見黃金比例。事實上，黃金比例似乎在歐洲各地的各種大教堂中反覆出現。

左頁：巴黎聖母院西側立面上可以發現很多黃金比例。

左圖：沙特爾聖母院（Notre-Dame de Chartres Cathedral），西側立面的外牆設計體現了黃金比例。圖片取自1867年該教堂的一張建築樣式圖。

下頁左圖：沙特爾聖母院北側耳堂的玫瑰花窗，建於約1235年。

下頁右圖：沙特爾聖母院南側立面。

SCHR SHULHTE · S MOR SHINTE · HRHCOПDE · | MONSEIGNE · TPERRE · MHL MEDE | UPPLISE S D · H TERIN · SLIPHHRT ·

上圖：沙特爾聖母院南側耳堂花窗彩圖。這張圖讓我們對該教堂是否運用了黃金比例再無疑義。

右圖：德國斯圖加特修道院教堂（Stiftskirche）平面圖。這座教堂的建設跨越了大約300年的時間，從1240年到1547年。從這張19世紀末的平面圖上可以看到一些黃金比例。

最右：德國黑森州哥特羅馬式林堡大教堂（Limburg Cathedral）西側立面。

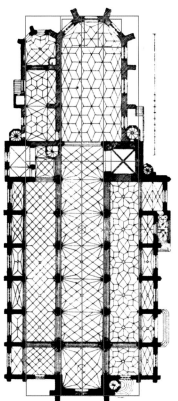

1296年，世界上另一個最著名的建築奇觀開始動工：義大利佛羅倫斯聖母百花聖殿（Cattedrale di Santa Maria del Fiore）。托斯卡納建築師阿諾弗迪·康比歐（Arnolfo di Cambio）的設計方案最終勝出，其中包括三間正殿和一個八角形穹頂。康比歐去世後，又有一系列建築師接續主持了這座教堂的建設，其中包括弗蘭契斯科·達蘭提（Francesco Talenti），他在14世紀50年代擴大了正殿的長度，使其成為歐洲最大的大教堂。1359年，達蘭提還主導完成了長方形廊柱大廳主入口附近將近300英尺（91公尺）高的鐘樓的建設。[14]

　　著名的穹頂是最後建造的部分。1418年，梅第奇家族宣布發起穹頂設計競賽，佛羅倫斯建築大師菲利波·布魯內萊斯基（Filippo Brunelleschi）最終獲得設計任命。1436年，穹頂終於完工。這是一個技術上的奇蹟。穹頂最低處距教堂地面171英尺（52公尺），跨度144英尺（44公尺），最高處375英尺（114.5公尺，含頂冠部分）。[15]穹頂的跨度太大、太高，無法用木架支撐，所以布魯內萊斯基不得不運用巧妙的施工技術——使用了超過四百萬塊磚——來完成這項艱鉅的任務。一切努力都有了回報——直至今日，它仍然是世界上最大的磚造穹頂結構。而這座宏偉的建築，也體現了黃金比例！

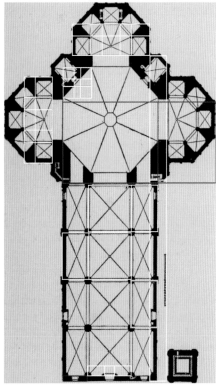

最左：布魯內萊斯基著名的八角形穹頂，不但是工程學上的經典，也體現了黃金比例。

左圖：在這座教堂最終的平面圖上，可以從很多元素中發現黃金比例。

下頁：佛羅倫斯聖母百花聖殿的許多建築元素，都體現了黃金比例。

泰姬瑪哈陵

距離希臘近4,000英里（6,437公里），距今近兩千年，我們邂逅了泰姬瑪哈陵（Taj Mahal）。1631年，蒙兀兒國王沙·賈汗（Shah Jahan）在他的愛妻慕塔芝·瑪哈（Mumtaz Mahal）難產去世後，委託修建了這座陵墓，用以緬懷其一生摯愛。12年後，這座美麗的陵墓基礎完工，後續工程又持續了10年。

慕塔芝·瑪哈（原名阿姬曼·芭奴·比古姆（Arjumand Banu Begum），1593－1631）和她的丈夫沙·賈汗（1592－1666）。這是來自印度烏代布的微型肖像畫，繪於駱駝骨上，鑲嵌寶石裝飾。

泰姬瑪哈陵位於印度北部的阿格拉，被認為是當今最優秀的建築典範。波斯建築師烏斯塔德·艾哈邁德·拉合里（Ustad Ahmad Lahori）主導了該項目的建設，僱用了大約2萬名工匠。中央拱頂的寬度與整個建築的寬度呈黃金比例，這一點成為泰姬瑪哈陵以黃金比例為設計基礎的有力證據。

其他地方也能發現黃金比例，例如拱形窗的寬度，及其位於圍繞中央拱頂的矩形框架中的位置。黃金比例可以說是貫穿了整個建築，包括中央結構的高度和寬度以及兩側塔樓的高度和寬度等。

宏偉的泰姬瑪哈陵，以象牙和大理石建成，其中明顯體現了黃金比例。

秀拉與黃金比例

法國畫家喬治‧秀拉（Georges Seurat，1859–1891），因19世紀末發起新印象派運動而聞名。他最著名的作品，《傑克島的星期天下午》（A Sunday Afternoon on the Island of La Grande Jatte，1884–1886），展現了他代表性的點彩派畫法。然而，很少有人知道，秀拉似乎將黃金比例融入了他的許多畫作中。

羅馬尼亞博學家馬蒂拉‧吉卡（Matila Ghyka），在談到藝術與自然中的幾何時曾寫道：秀拉「用黃金比例處理每一幅畫」。[16]這是個很有趣的說法，但真是這樣嗎？有些學者認為吉卡的主張毫無意義，我們先來研究一下證據吧。

我看了一下秀拉的全部繪畫名錄，發現其中大約有四分之一是畫在黃金矩形的畫布或畫板上，既有縱向，也有橫向。然而，這並不是唯一的「巧合」。進一步的分析表明，其中有約三分之一的繪畫，其關鍵構圖元素的比例和間距也體現了黃金比例。

上圖：喬治‧秀拉肖像攝影，1888年。秀拉的繪畫融合了印象派的特徵和數學的精確。

右圖：《阿尼埃爾浴場》（Bathers at Asnières），1884年。

下圖：秀拉繪於黃金矩形畫板上的作品。

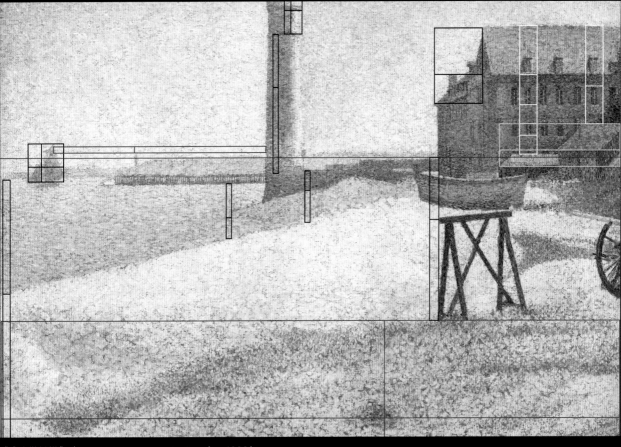

《翁夫勒燈塔》（The Lighthouse at Honfleur），1886年。

《傑克島的星期天下午》（1884年）中的黃金比例。

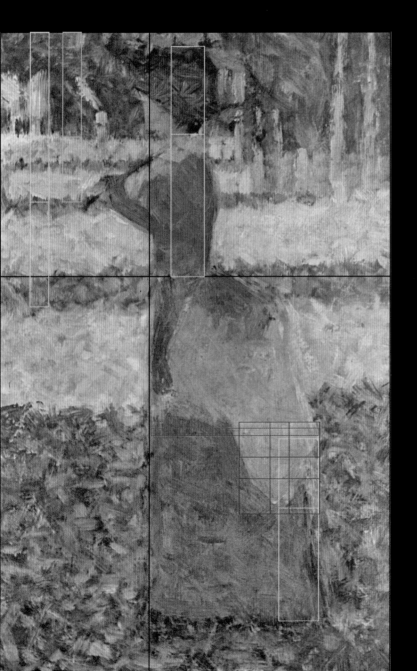

左頁上圖：《鋤地的農民》（Peasant with a Hoe），約1882年。

左頁下圖：《勞作者》（The Navvies），約1883年。

左圖：《撐傘的女人》（Woman with Umbrella），1884年。秀拉繪於黃金矩形畫布上的人物肖像畫之一。

《庫伯瓦橋》（Bridge of Courbevoie），1886－1887。

秀拉與黃金比例（接前文）

例如，秀拉1888年的著名作品《從傑克島看塞納河》（The Seine seen from La Grande Jatte.，下圖所示），裡面就有許多關於黃金比例的清晰精準運用，包括：

- 帆船正好位於覆蓋整個畫面的黃金網格縱向黃金比例線上。
- 橫向來看畫面底部，會發現海岸線正好在黃金比例點上過渡到河水。
- 圍繞著塞納河岸上的建築建構出一個黃金矩形，建築分界線正好落在黃金比例點上。

- 較小的那座船帆的高和寬，與較大那座的高和寬，恰成黃金比例。
- 划船的人正好落在從帆船底部到畫幅底部的黃金比例點上。

這幅畫的例子，還有114頁到118頁的例子都表明：秀拉可能沒有用黃金比例處理每一幅畫，但他似乎確實特意在他的作品中運用了黃金比例。

柯比意的模矩設計

建築大師勒‧柯比意（Le Corbusier，1887–1965），生於瑞士，原名查爾斯–愛德華‧讓納雷（Charles-Édouard Jeanneret）。他是一位手錶裝飾工匠的兒子，經常在他居住的侏儸山上徒步旅行，在這樣的背景下，他逐漸培養出對自然和裝飾藝術的熱愛。透過閱讀當地圖書館的書籍，他自學了建築和哲學的基礎知識。二十出頭，按照那個時代其他藝術家的流行做法，他採用了化名勒‧柯比意。幾十年後，在他五十多歲時，他發明了一個以黃金比例和人體為基礎的設計系統，叫做「模矩」（Modulor）。這個系統試圖統一公制和皇家度量系統，目的是建立一個通用的度量標準，讓工程師、建築師和設計師可以用它來創造既實用又美觀的造型。他用一個抽象的6英尺高（1.83公尺）的人體形態來表現這個「和諧度量範圍」。這個人抬起一條手臂，並使其彎曲，與頭頂成一條直線；其頭頂則位於肚臍與抬起的手臂頂端之間的黃金比例處。澳大利亞建築學教授邁克爾‧奧斯特瓦爾德（Michael J. Ostwald）是這樣說的：

> **「在柯比意看來，**
> **工業界需要的是這樣一個比例度量系統：**
> **它能兼顧並調和人體的需求與黃金比例中固有的美感。**
> **如果能設計出這樣一個系統，**
> **使黃金比例同時與人的身高成比例，**
> **那麼這個系統將成為普遍標準化的理想基礎。」**[17]

柯比意試圖利用人體的數學比例來改善建築的外觀和功能。他追隨了維特魯威、達文西、帕西奧利和文藝復興時期大師們的腳步，他們利用數學和自然領域的研究，為自己的藝術作品注入某種神聖的性質。

20世紀40年代中期，「模矩」概念形成後，柯比意將其應用到他的建築設計中，包括：

- 紐約聯合國總部大樓（1952年竣工）。
- 歐洲的幾個住宅開發專案，最早的一個是法國馬賽的「光芒之城」公寓（Cité radieuse，1953年竣工）。
- 法國里昂城外的拉圖雷特修道院（Convent Sainte Marie de la Tourette，1961年竣工）。

我們來看柯比意運用模矩設計方法和黃金比例的一個著名案例。1947年，巴西建築師奧斯卡·尼邁耶（Oscar Niemeyer）和柯比意聯手設計了聯合國紐約總部。這是一座505英尺（154公尺）的高層建築，又名聯合國祕書處大廈（Secretariat Building）。[18]當時，柯比意正在開發他的模矩設計系統，而尼邁耶，現代建築界的另一位巨擘，受到了這位偉大的藝術家、設計師和城市規劃師的極大影響。正如建築師理查德·帕多萬（Richard Padovan）在他的《比例：科學、哲學與建築》（Proportion: Science, Philosophy, Architecture）一書中所說：

上圖：柯比意1958年作品，柏林集合住宅（Unité d'Habitation of Berlin），現名「柯比意住宅」（Corbusierhaus），外牆上雕刻著柯比意的模矩圖形。

左圖：柯比意住宅的許多建築元素中皆存在黃金比例，例如窗戶、樓高、陽臺的寬度等。

柯比意以模矩系統做為聯合國總部大樓的設計基礎，如圖所示。

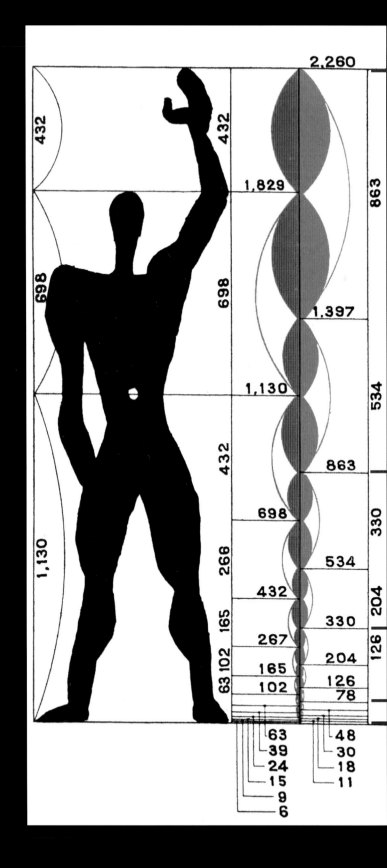

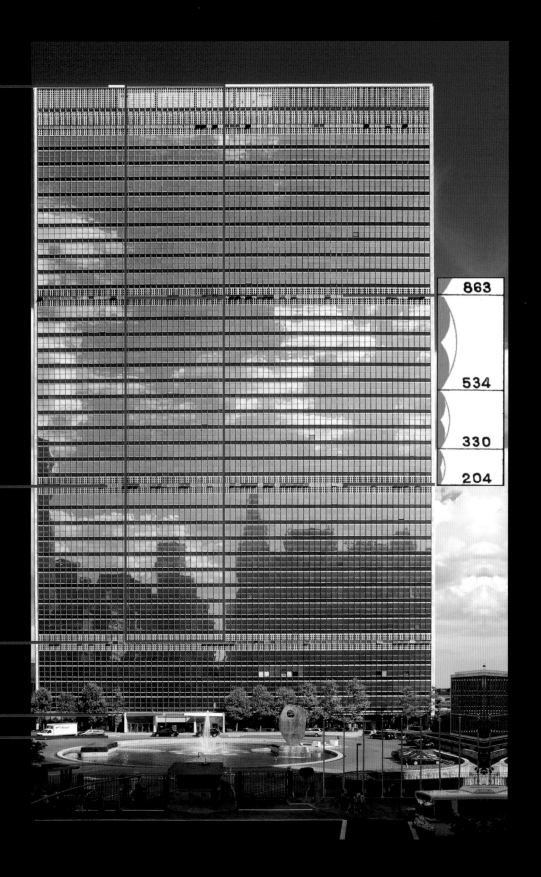

「柯比意將和諧與比例的體系置於他設計哲學的中心。
他對宇宙數學秩序的信仰，
與黃金比例和費波納契數列緊密相連，
他將這兩者描述為：『肉眼很容易看到的韻律，
彼此之間的關係非常清晰。
這種韻律是人類活動的根源。
人類心中回蕩著這種韻律，
這是一種根本的必然性，一種關乎美的必然性，
它使得無論是孩子、老人、野蠻人還是博學者，
都能發現黃金比例。』」[19]

　　柯比意設想的聯合國總部，是一座高層中央大樓，能容納所有的祕書處辦公室。他的設計被稱為「專案23A」，主要由三個黃金矩形堆疊而成。而尼邁耶的設計，「專案32」，也是一座高層中央大樓，與柯比意的設計相比略寬，尺度上也使用了黃金矩形。最終的設計結合了尼邁耶和柯比意方案中的元素，但使用了三個堆疊的黃金矩形做為設計的基礎。

　　乍看之下，建築正面四個明顯的帶狀結構使這棟39層的大樓看起來似乎被均分為三個矩形；但仔細觀察後，你會發現三個矩形的尺寸略有不同。第一個矩形只有九層高，第二個和第三個矩形則分別為十一層和十層。此外，建築寬度固定為287英尺（87公尺），而建築高度從505到550英尺（154到168公尺）不等，[20]取決於你的視角是位於建築正面的街道，還是位於建築背後的海岸上。

　　如果這棟建築是一個完美的黃金矩形，如同尼邁耶所設計，則建築高度應該僅有464英尺（141公尺），與大樓容積所需高度相差不超過0.5%。但這座由三個相互堆疊、長287英尺（87公尺）的黃金矩形精確組成的建築，總高度達到了532英尺（162公尺）。事實上，這座建築

的平均高度為527.5英尺（160.7公尺），比三個黃金矩形的完美組合低0.9%。這是一個極小的差異，但除了因為聯合國大樓所在區域的街道和河流兩側存在高低之外，還有一些原因可以解釋：

1. 黃金比例是一個無法用整數表示的無理數，而建築師面對的是現實中許多必須以整數存在的元素，比如樓層數和窗戶的數量。
2. 建築材料（如清水模和建築框架結構）必須是標準尺寸，以符合各種建築標準。
3. 建造一座500英尺（152公尺）高的摩天大樓會面臨一定的工程學限制，畢竟以施工而言，工程學必須優先於純藝術設計。

柯比意設計的聯合國祕書處大廈，俯瞰紐約東河（East River）。

無論如何，如果你在這棟運用了柯比意模矩系統的建築上，加上黃金格線（每個高度資料乘以1.618），就會出現一個非常明顯的規律，如右頁圖片所示。此外，如果應用黃金格線，你會發現這棟建築的幾個重要立面都體現了黃金比例。這兩種方法都證明了建築總體設計中黃金比例的存在。

這種設計原則貫徹始終，甚至包括建築細節，例如正門的設計，都透過如下的方式體現了黃金比例：

- 正門兩邊的立柱落在從大門中間點到大門邊緣的黃金比例點上。
- 入口中央區域左右兩邊的入口為黃金矩形。
- 中央入口左右兩邊的門為黃金矩形。
- 中央的落地窗與兩邊的入口形成的矩形擁有黃金比例。

建築正面水平帶狀結構部分的開窗也是一系列的黃金矩形，而帶狀結構本身也是在兩個黃金比例點上建構出中央小窗。

正如模矩設計範本中包含複雜的黃金比例互鎖結構，柯比意對黃金比例的熱情和構思遠比簡單設計出一棟黃金矩形建築複雜得多。在這棟建築中，黃金比例體現在無數細節中。隨著我們發現其中愈來愈多的黃金比例，我們就愈來愈能欣賞柯比意的精緻設計之美。正如達文西、米開朗基羅、拉斐爾和其他後者在作品中所體現的，這是「非常精緻、微妙、令人嘆服的學說」，也是帕西奧利所說的「相當神祕的科學」。在現代世界中，我們仍持續將黃金比例運用到偉大的藝術和設計中，創造出視覺上的和諧。

裁切與構圖：攝影中的三分法

如果你瞭解攝影知識，或者研究過智慧手機或數碼相機中的構圖網格，你很可能聽過三分法。18世紀晚期，約翰‧托馬斯‧史密斯（John Thomas Smith）在他的《鄉村風景評論》（Remarks on Rural Scenery，1797年）一書中，提出將三分法做為繪畫構圖的基礎。三分法是一種構圖規則，將一幅圖像在垂直和水平方向上分成三份，創建九個大小相等的方格。重要的構圖元素，如地平線或人物，則沿著分割線或布置於相交點附近。大多數畫家和攝影師都認為，比起簡單將表現主體放在畫面中間，這樣能創造出更多的趣味性和視覺吸引力。

三分法很容易理解和運用。與歷史上許多偉大藝術和設計中所使用的黃金比例相比，它在數值上粗略近似於黃金比例。

三分法是在1/3和2/3處設立分界點（0.333和0.667），黃金比例網格則是在$1/\phi 2$和$1/\phi$處（0.382和0.618）。除了黃金比例格線之外，黃金比例還能產生其他變體，比如黃金螺線和黃金對角線。

為了更清楚地說明三分法和黃金比例的差異，我們來看看下面的圖片。左上圖是以三分法分割，右上圖是以黃金比例分割。

三分法毫無疑問很有用，但也可能對藝術表現有所限制。相形之下，如果使用黃金比例網格，你可以發揮創造力對網格進行調整和定位，在同一構圖內反覆使用黃金比例，為裁切區域建立豐富的變化。這與達文西、秀拉、柯比意，以及其他藝術與設計大師在過去500年中使用的視覺和諧方法有異曲同工之妙。

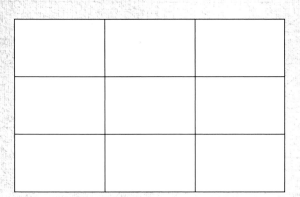

三分法網格

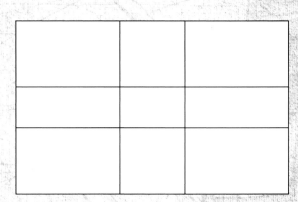

黃金比例網格

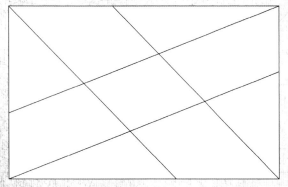

PhiMatrix對角線網格

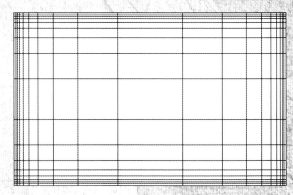

PhiMatrix對稱網格

黃金比例圖片裁切範例。

三分法圖片裁切範例。

LOGO與產品設計

黃金比例除了應用於繪畫、建築和平面設計，也出現在許多產品設計中。有時候，能提高產品性能。例如，許多絃樂器的設計上就體現了黃金比例。舉例來說，世界著名的史特拉迪瓦里小提琴——在17、18世紀由義大利史特拉迪瓦里家族製造——似乎就包含了黃金比例。今日，史特拉迪瓦里小提琴以其出色的材質、構造和音質而聞名，在拍賣會上價值可高達數百萬美元。

有時，黃金比例能增加藝術感和美觀性。商業公司會在LOGO品牌標識設計上投注數百萬美元，因為他們知道必須在一瞬間儘可能抓住更多潛在客戶的心。這些公司對於代表他們企業形象的萬能LOGO相當保護，所以我無法在此呈現那些運用了黃金比例的LOGO設計案例；但我可以告訴你該去哪裡看。

2015年，Google宣布重新設計其標識、字體、其他品牌符號和圖示，引起了設計界的關注。但Google聰明地保留並強化了一點：在字母的尺寸和間距上使用了 ϕ。例如，仔細看你會發現，大寫字母**G**和小寫字母**l**的高度與其他小寫字母的高度（g的小尾巴除外）比等於 ϕ；大寫字母**G**與小寫字母**g**的寬度比也是黃金比例。搜尋列在Google標識頂部與主頁底部的搜尋按鈕之間的位置也恰好是黃金比例，而Google搜尋主頁「剛好」是世界上訪問量最大的網站！甚至搜尋列右側的小麥克風圖示也體現了黃金比例。

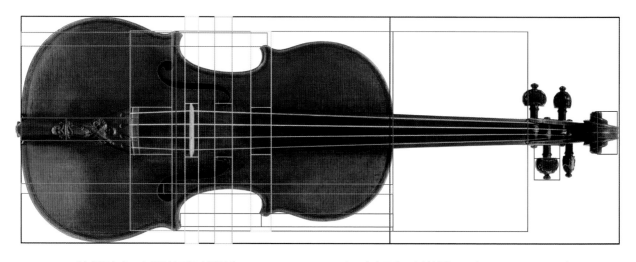

「布朗特女士」史特拉迪瓦里小提琴（Lady Blunt Stradivarius），安東尼奧・史特拉迪瓦里（Antonio Stradivari）於1721年製作。2011年，在拍賣會上拍出破紀錄的1590萬美元高價。這把琴上比比皆是黃金比例。

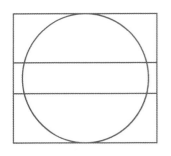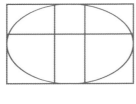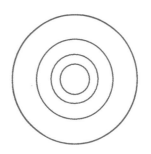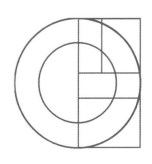

上圖彙集了許多世界知名公司的品牌LOGO呈現黃金比例的方式。

這個網頁上還有更多的黃金比例。看起來就彷彿這個跨國科技巨頭公司網頁上所有的位置和比例，全部都是由黃金比例決定。如果不知情，你可能還以為這是帕西奧利或達文西主導設計的呢！

Google肯定不是第一個在品牌LOGO中運用黃金比例的公司。再舉一個例子：豐田汽車的LOGO是由三個橢圓構成，只要測量一下，你就會發現：中間小橢圓的寬度，是由最大橢圓寬度的兩個黃金比例點所定義。上方小橢圓的內邊緣，恰巧落在整個LOGO高度的黃金比例點上。豐田的英文拼寫TOYOTA中，字母A裡面的橫線和字母Y裡面的叉，也都落在黃金比例點上。

在世界上最富有的、知名度最高的大公司中，類似的LOGO設計案例還有很多。比如，日產（Nissan） LOGO中間的那條橫杠，其位置是取決於整個標識高度的兩個黃金比例點；英國石油公司（BP）的LOGO是一朵黃綠相間的同心曼陀羅花，裡面的同心圓彼此之間呈黃金比例；《國家地理雜誌》的LOGO直接就是一個黃金矩形。

卡通動畫和影片製作人在角色和場景設計中使用黃金比例，可能不僅僅是偶然向神聖比例致敬。一位前迪士尼動畫師曾對我說，雖然設計師之間從未針對黃金比例進行討論——大多數動畫師對自己的製作過程都保密到家——但他一直有系統地將其運用在藝術創作中。迪士尼的標識是華特‧迪士尼（Walt Disney）簽名的設計體，其中似乎就包含著對黃金比例的崇尚。組成字母D的弧線和分隔號，在比例和位置的設計上至少運用了三次黃金比例。更有甚者，字母i上面的「點」設計得非常像黃金比例的符號 ϕ。另外，這裡的字母Y跟你以前見過的任何字體的Y都不一樣，更像是手寫體的小寫字母 ϕ。

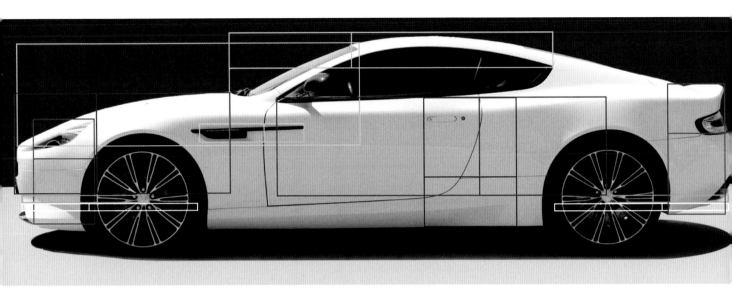

彩色格線揭示了奧斯頓‧馬丁DB9 Coupe車型設計中存在的黃金比例。

　　世界頂級豪華汽車品牌奧斯頓‧馬丁（Aston Martin）在汽車設計中採用了相同的理念。奧斯頓‧馬丁的Rapide S、DB9和V8 Vantage車型，廣告宣傳中強調了黃金比例在設計中的核心作用，以此宣傳汽車的平衡、完美、優雅、和諧、純粹和簡潔。[21]

　　既然黃金比例能為設計帶來如此的優雅和美觀，那麼黃金比例出現在《星際迷航記》的「聯邦星艦企業號」設計中也就不足為奇。20世紀60年代，該系列的創作者金‧羅登貝瑞（Gene Roddenberry）找到航空和機械藝術家馬特‧傑佛瑞斯（Matt Jefferies），請他「設計一艘不同於其他飛船的太空船，它沒有側翼、沒有火箭排氣管，但威力無窮，超過光速，可供幾百名工作人員乘坐，以執行為期五年的任務，探索外太空的未知星系。」[22]傑佛瑞斯拿了一張白紙、一支馬克筆，抱持著實用主義的原則開始設計，最終創作出一艘明顯具備了黃金比例的飛船。

　　傑佛瑞斯的設計圖稿顯示，他的尺寸精確到1/10,000英寸。這顯然超出了《星艦迷航記》電視上所使用的小尺寸模型的所需的製造精度，這表明他是根據幾何公式和比例進行了精確的數學計算。傑佛瑞斯設計的這艘星艦，在正面、側面以及很多細節中都可以發現黃金比例。事實證明，傑佛瑞斯對黃金比例的應用有著透徹的理解，幾乎所有關於比例和位置的設計決策都體現了黃金比例。

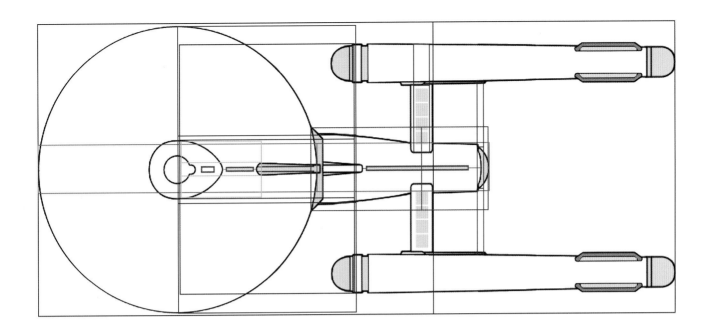

你可能會驚訝地發現，黃金比例一直就在你面前，不知不覺引導著你去購買產品或選擇服務。紐約Interbrand 品牌諮詢公司前創意總監達林·克雷森齊（Darrin Crescenzi，《Fast Company》雜誌將他列為「最具創意的商界人士」之一）表示：

「偏好視覺效果的藝術家——

包括畫家、建築師、設計師、藝術史愛好者、自然和

人體紀錄片愛好者，

以及讓我們現在能對這個世界

具備如此的藝術認知、我們所應該感謝的那些人——

長久以來將這個比例融入他們的作品中，

因為這個比例在本質上

擁有一種相當吸引人、介於對稱

和不對稱之間的微妙平衡。」[23]

馬特·傑佛瑞斯為《星艦迷航記》設計的「企業號」，隨處可見黃金比例。

φ 與時尚

當然，時尚和造型界也沒有忽視黃金比例的視覺吸引力。2003年，時裝設計師蘇珊·戴爾（Susan Dell）——戴爾公司董事長麥可·戴爾（Michael Dell）的夫人——推出了「φ系列」高級時裝，設計上廣泛採用黃金比例的概念。她將這個特別的數字融入到設計的許多地方。2007年，造型顧問、雙胞胎姐妹露絲·利維和莎拉·利維（Ruth and Sara Levy）創立了「時裝規範」（The Fashion Code®），將黃金比例應用於每位女性獨特的身體測量資料，並以此為基礎提供服裝比例上的建議，從而讓女性獲得最佳視覺外觀。在右側的圖片中，每位女性從頭到腳可建構出一個黃金矩形，黃金比例線上就是衣裙下擺邊緣出現的最佳位置。在分割自這個矩形的較大部分中再畫一條黃金比例線，就能精確定位出領口或腰身的位置。如果用腰帶或收腰的衣服來突出這一點，能獲得最令人滿意的線條效果。

左下圖是個反例，說明如果不採用黃金比例會是什麼樣子。外套太短、背心太長，讓這位女性看上去似乎少了幾分魅力。

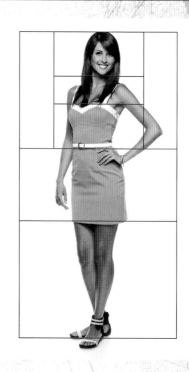

正如達林・克雷森齊所說，黃金比例不僅是三分法之外另一種更加自然的構圖方式。事實上，它是一個以數學為基礎的獨特比例系統，能讓整體構圖在視覺上更加和諧。儘管黃金比例只是優秀設計師實現和諧構圖的工具之一，但任何設計師都應該掌握黃金比例的概念和應用。「黃金比例應該是看不見的，它是一種組織和構成原則，你需要去感受它，而不是去理解它。」克雷森齊還補充道：

「黃金比例介於
讓人感到舒服的對稱和
讓人欲罷不能的非對稱之間，
是一種獨特的視覺張力。
黃金比例如果運用得當，
就能為各式各樣的設計
帶來美感與和諧。」[24]

黃金比例在設計中的運用可以有千變萬化的形式，唯一的限制是我們的創造力——也就是說它完全沒有任何限制。

現在，你已經掌握了關於黃金比例的幾何學和數學基礎知識，以及兩千多年人類文明中，黃金比例在偉大的藝術和建築設計中的應用。至此，你差不多可以獲得「ϕ博士」學位了——雖然不是正式學位，但非常有價值（價值大概等於黃金比例的價值！）接下來，是我們探索黃金比例的最後一段旅程，涉及對自然界以及更廣大的宇宙中存在的「黃金形態」的有趣研究。

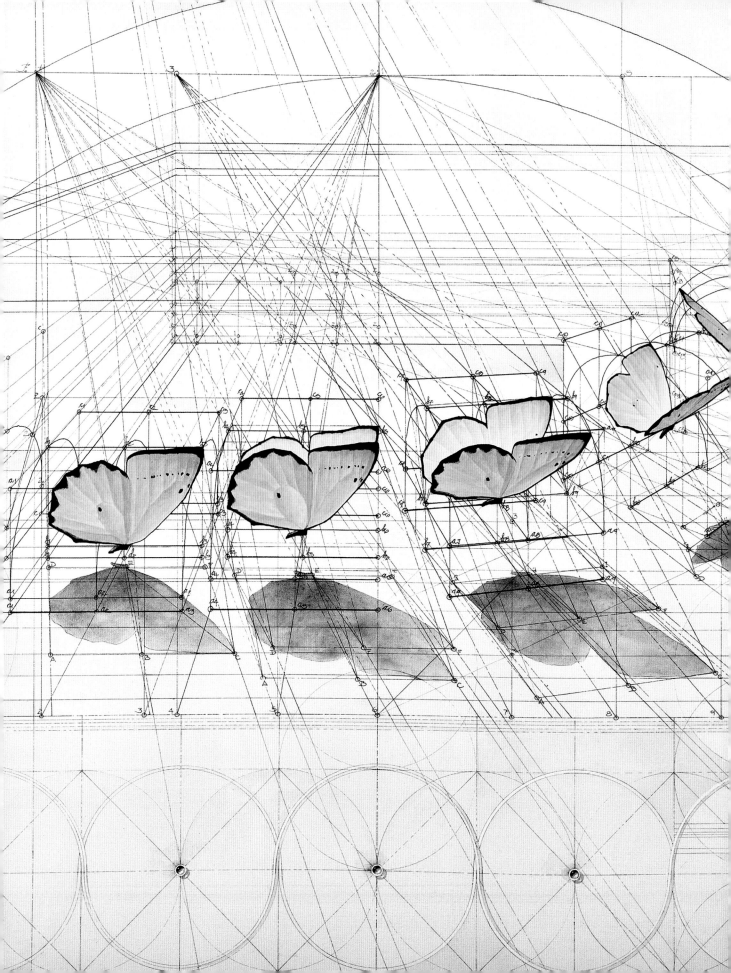

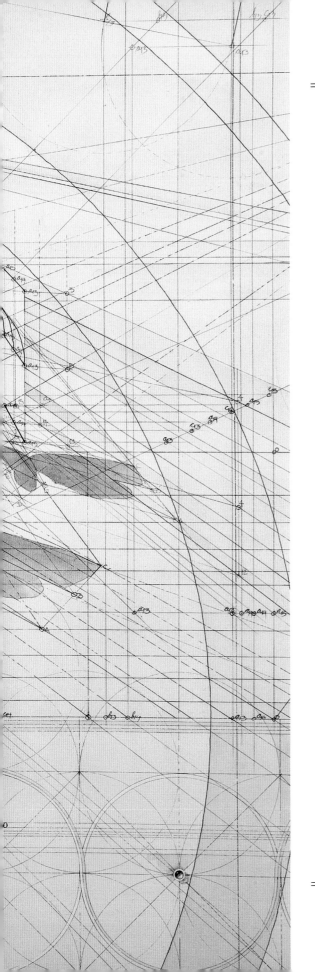

V

黃金生命

「生命即生物學。
生物學即生理學。
生理學即化學。
化學即物理學。
物理學即數學。」[1]

——史蒂芬・馬夸特醫生
（Dr. Stephen Marquardt）

1854年，德國心理學家阿道夫·齊辛（Adolf Ziesing，1810–1876）出版了《人體比例新學說》（Neue Lehre von den Proportionen des menschlichen Körpers），他在書中表達了自己的見解，即黃金比例在人類形態中得到了最充分的表現。而且，他認為這是一個普遍規律，代表了生命和物質的所有結構和形態的「理想」，[2]呼應了柏拉圖古老的「理型論」（Theory of Forms）。齊辛認為，在自然和藝術中，黃金比例是美和完整的表達，他的這種思想啟發了柯比意等人，他們沿著齊辛的腳步，創造了改變我們對世界的認知範式的設計和發現。在這些偉大的設計和發現中，φ一次又一次出現；儘管並非所有的運用都像看起來那麼簡單、直接，或者證據不像齊辛等人的假設中闡述的那麼完整。

自然界中充滿了對數螺線，這些螺線似乎以 φ 為因數展開——儘管在自然界中很少發現真正的黃金螺線。

ϕ 與葉序

即使是最激進的 ϕ 懷疑論者，也會認同在各種植物、松果、鳳梨、向日葵籽莢等等之中，可以發現黃金螺線和費氏螺線。這類螺線也出現在花瓣靠近花心的部位，以及莖葉靠近樹枝的部位。

早在西元1世紀，古羅馬自然哲學家老普林尼（Pliny the Elder）就注意到了這種螺線圖案，但最早認真研究植物螺線與費波納契數列之間關係的是瑞士植物學家暨博物學家夏勒·波內（Charles Bonnet）。1754年，波內在《植物葉片運用研究》（Recherches sur l'usage des feuilles dans les plantes）一書中記載了他對植物莖葉上的螺旋圖案的觀察，例如在松果中發

現的鱗狀排列。波內還創造了「葉序」這個術語（phylotaxis），用的是希臘語中的兩個詞，「phylon」（葉子）和「taxis」（排列）。[3]

　　基於兩個連續費波納契數的植物螺線，其原理可以以松果為例簡單說明。下圖中，可以清楚看到8條逆時針螺線和13條順時針螺線。

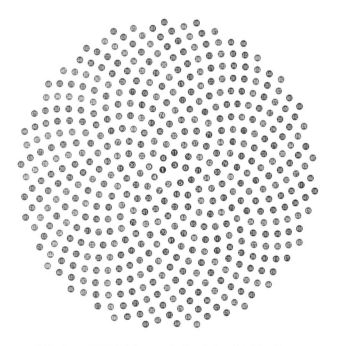

同樣的原理也適用於向日葵，或者更確切地說，是位於向日葵中心的五瓣小花，其排列由55條順時針螺線和34條逆時針螺線組成。55和34都是費波納契數，而每朵小花的花瓣數（5）也是！

　　1979年，德國數學家赫爾穆特·沃格爾（Helmut Vogel）設計了一個方程式來表示這種小花的費氏螺線，其中θ是極角，n是小花的指數：

$$\Theta = n \times 137.5^o$$

上圖：這張圖視覺上直觀呈現了沃格爾的向日葵小花極座標公式，從n = 1到n = 500。

在這個模型中，137.5°是旋轉角度，也叫「黃金角度」。為什麼是137.5呢？事實是，將一個圓（360°）的角度按照黃金比例（1.618）進行分割，得到的較大部分圓弧的角度是222.5°，較小部分的角度即為137.5°。

花蕾周圍的花瓣排列中也可以發現黃金角度。莖葉也是按這個角度排列，最有可能的解釋，是這樣能讓植物接收的光量最佳化，也是使生長最為有效的一種方法。

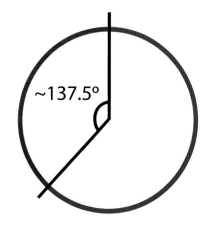

~137.5º

上圖：在上面的向日葵花盤圖像中，可以區分55條順時針螺線和34條逆時針螺線。注意每朵小花的五片花瓣在種子莢邊緣是如何呈現的。

左圖：黃金角度。

擬石蓮花屬多肉植物的葉片排列（上圖），以及蓮花花瓣的排列（下圖），都體現了黃金角度。

5之美

我們在第一章和第二章中已經看到，在黃金比例的幾何與計算中，5是
一個非常特殊的數字。ϕ不僅和五邊形、五角星形有關，而且這個數字還恰
好是費波納契數列的第五個數字！畢達哥拉斯學派將五角星形視為他們學派
的象徵；柏拉圖發現了他的五個「柏拉圖立體」；過了許久之後，達文西研
究了五瓣紫羅蘭，注意到其中包含的五邊形結構。事實上，許多最常見、最
美麗的植物和花卉，包括玫瑰科，都呈現出完美的黃金對稱。

非洲螺旋狀蘆薈中
可以明顯看出五條
逆時針螺線。

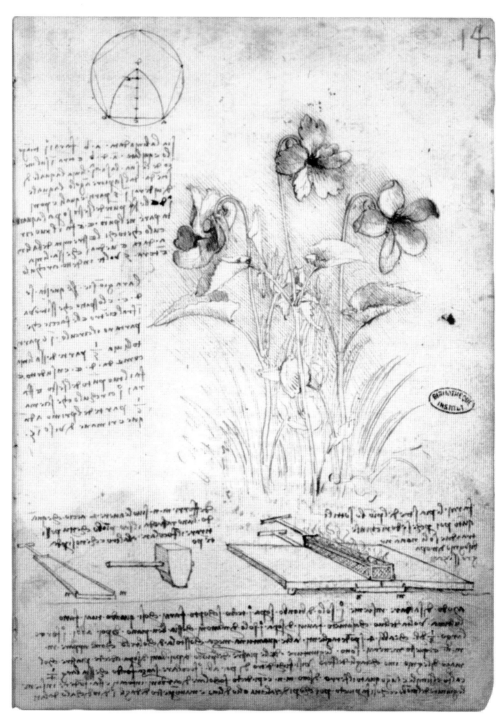

達文西研究五瓣紫羅蘭的手稿（約1490年），手繪五邊形出現在左上角。

這種五重對稱性也可以在水果的結構中看到，包括蘋果、木瓜以及命名中常常就帶「五」的一些星形水果。還有秋葵、可可果莢，以及其他可食用植物中。

　　動物王國也有五重對稱。最明顯的例子是海星和它的近親——蛇海星和海膽。

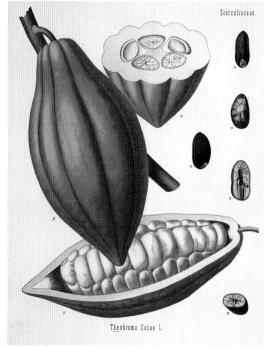

上圖：將蘋果（上）、木瓜（中）、楊桃（下）剖開，內核都是五星形。

最上：這張照片中，秋葵種子莢的五邊形非常明顯。

上圖：可可果實插圖，可可豆在果莢中呈五邊形排列。

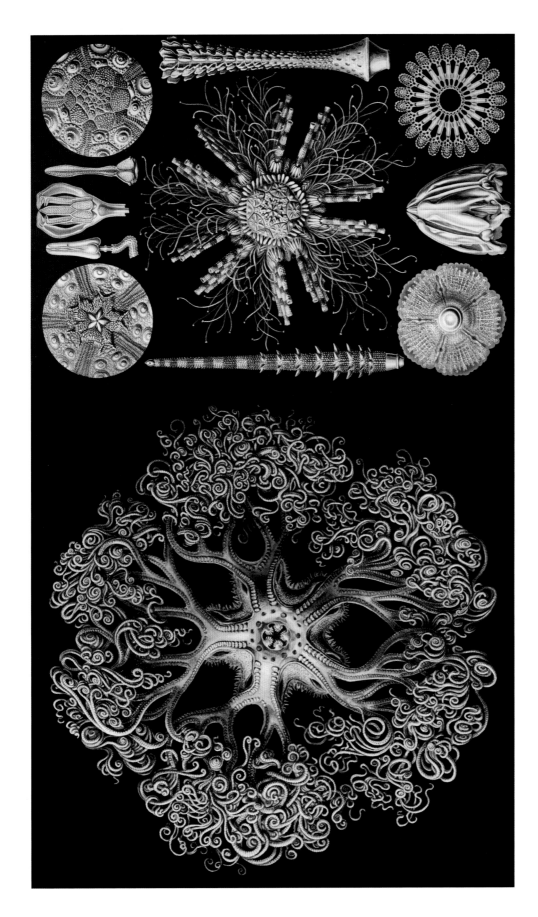

德國博物學家恩斯特‧海克爾（Ernst Haeckel）的《大自然中的藝術形態》（Kunstformen der Natur）一書中的插圖。熱帶巨型籃海星（下圖）和各種海膽（上圖），都具備五重對稱性。

碎形

黃金比例在碎形幾何中也佔有重要地位，而碎形在大自然的幾何中佔有重要地位。

碎形是一種無限自相似的幾何圖形或曲線，其每一部分都具有與整體相同的結構和性質。碎形透過一次又一次重複一個簡單的過程來創建，每次重複都應用一個比例係數，就像黃金矩形互鎖結構——構成黃金螺線的基礎——那樣。再比如畢達哥拉斯的魯特琴圖案（Lute of Pythagoras），由一系列五角星形組成，五角星形的大小逐漸遞增，比例係數是ϕ。

最有名的碎形幾何包括科赫雪花（Koch Snowflake）和謝爾賓斯基三角形（Sierpinski Triangle），比例係數分別為4和2。此外，還有費波納契碎形和黃金龍碎形，比例係數是ϕ。最近，美國數學家艾德蒙‧哈里斯（Edmund Harris）因發明了哈里斯螺線（Harris Spiral）——以黃金螺線為基礎的碎形——而登上了頭條。[4]

比例係數為逆黃金比例（$1/\phi$或ϕ）的空間填充碎形，有一個有趣的現象：圖案中所有空間都被填充，沒有重疊，也沒有任何間隙。如果比例係數小於ϕ，得到的圖案會顯得稀疏，有許多空白。相反，當比例係數大於ϕ，圖案會很滿，很少空白。

我們這裡討論的碎形是就理論而言，也就是說，在現實世界中並沒有發現這樣的發現。然而，自然界中的生長模式往往在自相似性上近似於這些碎形結構。羅馬花椰菜就是個很好的例子，植物的維管系統中也存在碎形生長模式。

上圖：這張彩色拼圖體現了畢達哥拉斯的魯特琴圖案。

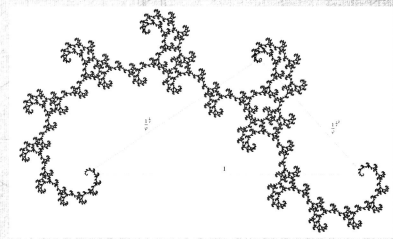

上圖：黃金龍碎形圖案。

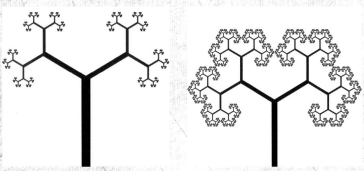
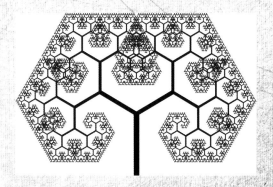

三棵「碎形樹」，比例係數分別為0.5、0.618（$1/\phi$）、0.7。注意以黃金比例為係數的碎形樹是如何「生長」的——它是唯一一棵所有部分相互接觸，沒有空白，也沒有重疊的。

神奇的螺線

　　法國數學家暨哲學家勒內・笛卡兒（René Descartes，1596–1650）是第一個提出現在所謂的對數螺線的人。瑞士數學家雅各布・白努利（Jacob　Bernoulli，1654–1705）對其獨特的數學特性非常著迷，稱之為「spira　mirabilis」（拉丁語，意為「神奇的螺旋」）。隨著螺線尺寸的增加，其形狀保持不變，因為它以等比級數的方式以恆定的比率增長。這種美麗的螺線也稱等角螺線或指數螺線，遍布自然界，既存在於生物中，也存在於颶風、星系和其他自然現象中。

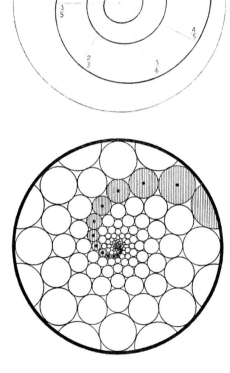

上圖：對數螺線可以用來表示不斷上升的音調（上）或者花朵的生長模式（下）。

不幸的是，對數螺線的美麗和常見成了混淆的根源。許多人將所有對數螺線都錯認為黃金螺線，以1.618的係數增長。事實上，黃金螺線是對數螺線的一個特例——就像蘋果是水果家族的特殊成員，或者五邊形是多邊形家族的特殊成員。所有真正的黃金螺線都是對數螺線，但並非所有對數螺線都是黃金螺線，就像所有的蘋果都是水果，但並非所有的水果都是蘋果。

　　鸚鵡螺的外殼也被捲入這場混淆中，因為它有著自然界中最美麗、最優雅、最容易辨認的螺線。因此，鸚鵡螺螺線，還有基於連續黃金矩形建構的黃金螺線，儼然成了黃金比例的經典範例。然而事實上，鸚鵡螺螺線的比例並不等同於黃金螺線，如下圖所示。

　　將這兩種完全不同的對數螺線都稱為黃金螺線的常見做法，引起許多科學家和數學家對黃金比例在自然和藝術中普遍存在的懷疑和憤怒。φ懷疑論者在網上發表的文章層出不窮，聲稱鸚鵡螺螺線，以及你可能聽過的關於黃金比例的一切，都只是一個陰魂不散的神話。甚至連專業的數學家也加入了這場論戰。一位數學家表示，鸚鵡螺螺線的增長率實際上接近4／3。還有一位公認的科學家，以製作3D幾何模型聞名，他根據經典黃金螺線，用一

臺3D印表機印製了一個貝殼，宣稱它是世界上唯一真正的黃金鸚鵡螺，並哀歎可憐的鸚鵡螺總是被黃金比例的「狂熱崇拜領袖」濫用。他們對鸚鵡螺的認識肯定沒有錯，但是，接下來我們有劇情的大逆轉。

在我創建GoldenNumber.net這個網站的時候，從來沒有想過要成為一個黃金比例的「狂熱崇拜領袖」。當我瞭解到這些反對意見之後，我決定是時候親自調查了。我拿起我那可靠的黃金比例尺，測量了在我書架上擺放多年的鸚鵡螺，發現它的螺線和量規非常接近。然後我意識到，可以根據黃金比例創建螺線的方法不只有一種。

在經典黃金螺線中，每四分之一（90度）的轉彎處，每個部分的寬度增長為1.618倍，其比例與鸚鵡螺螺線的比例幾乎沒有相似之處。不過，卻有另外一種螺線跟黃金螺線一樣。該螺線每旋轉180度增長1.618倍。注意，它增長的速度更慢。顯然，基於180度旋轉的黃金螺線，比基於90度旋轉的黃金螺線更接近鸚鵡螺螺線。

左邊的螺線，在點A處寬度增加到1。到點B處，轉半圈（180度），螺線的寬度增加到1.618或φ。再轉半圈到點C，螺線的寬度從中心點增加到2.618，即φ²。紅線表示螺線再次轉整圈的增長。寬度再次從B增加到螺線的邊緣，增加φ²，從φ增加到φ³！就這樣，螺線以黃金比例為增長係數，不斷擴大。

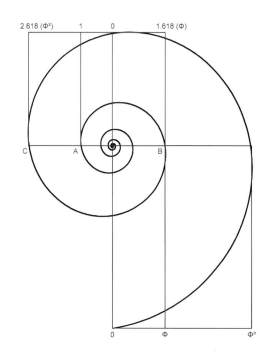

我用黃金比例尺測量我辦公室裡的鸚鵡螺，如果是測量從螺線的外緣到中心點（如下圖所示），那麼鸚鵡螺的螺線與量規上的標準線非常接近於對齊，但如果改為測量從外緣到另一側螺線的邊緣，我發現會更接近對齊，如下圖所示。

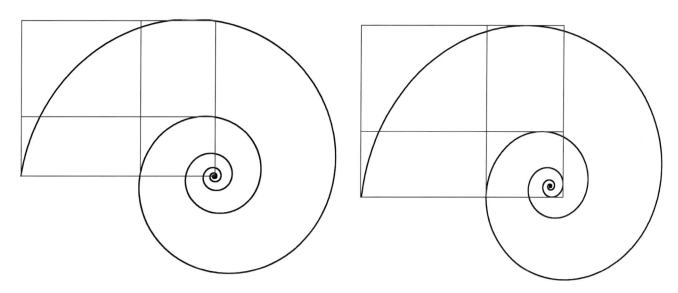

然後，我測量了我的鸚鵡螺每30度旋轉的增長率，發現增長率在1.545到1.627之間，平均為1.587，與黃金比例相差1.9%。我又測量了其他鸚鵡螺，發現所得數值也略大於黃金比例。

不是每一個鸚鵡螺螺線都是「生而平等」的，也不是任何一個鸚鵡螺都是完美的。就像人的外形一樣，鸚鵡螺外殼在形狀和尺寸上都有變化和缺陷，與理想的180度黃金螺線相比，一致性也有所不同。因此，雖然有許多關於自然界中到底存不存在黃金螺線的不準確說法；但我們可以看到：鸚鵡螺螺線確實是以非常接近 ϕ 的比率增長——至於有多接近，這取決於你如何測量。

希望這能恢復鸚鵡螺的榮耀和聲譽，但我們仍然需要仔細區分黃金螺線和自然界出現的一般對數螺線。假設有某個颶風或星系與黃金螺線恰巧有一部分重合，我們不能就據此得出結論，說所有颶風和星系都是基於 ϕ 的結構。

上圖： 每旋轉180度增長1.618倍的對數螺線，與鸚鵡螺外殼的螺線更為接近。

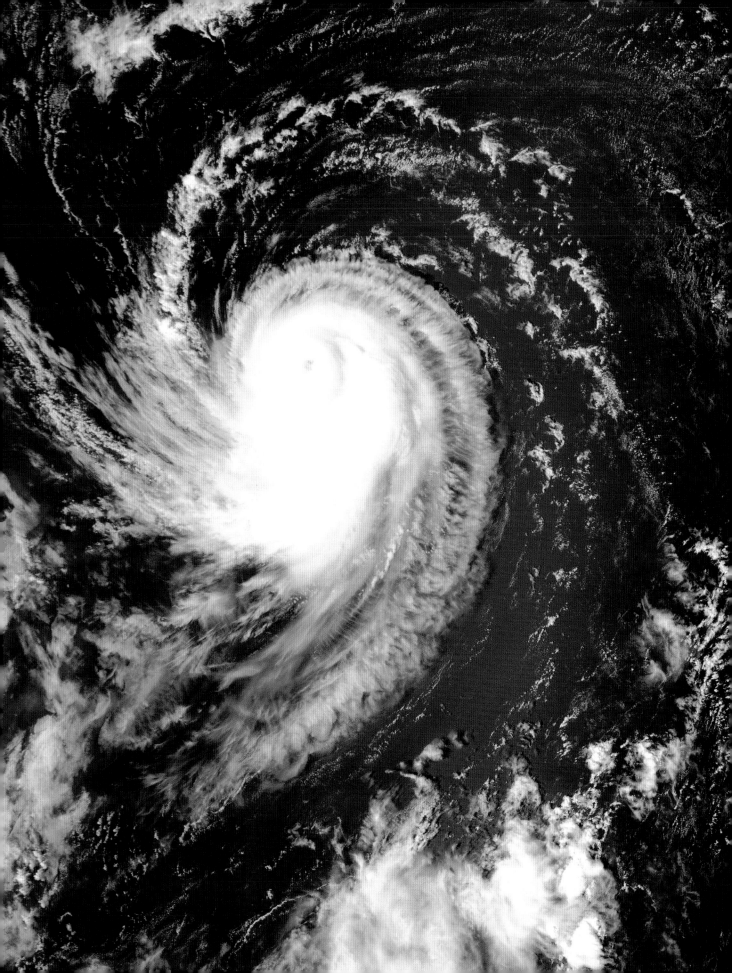

左頁：2011年，美國宇航局在太平洋拍攝的颱風「桑卡」（Sonca）的衛星圖像。乍看之下，風暴似乎形成一個黃金螺線，事實上並非如此。自然界中基於 φ 的螺線是非常罕見的。

右上角起，順時針：巢蕨葉片、蕨菜嫩葉、海馬尾、變色龍尾、綬草、渦狀星系。這些都是自然界中出現的對數螺線，增長係數各不相同。

動物王國

很多貝殼的螺線，包括天王赤旋螺（最下方）是以接近φ的比率增長；但最上面的這種海螺，增長比率約為1.139。

　　只要使用PhiMatrix黃金比例分析軟體，就更容易在其他貝殼的螺線中找到黃金比例；也很容易找到比例不同於黃金比例的貝殼，如下圖所示。每旋轉一圈，貝殼增長約1.1548。所以，雖然我們在研究貝殼螺線時經常遇到黃金比例，但黃金比例絕對不是所有貝殼的普遍特徵。

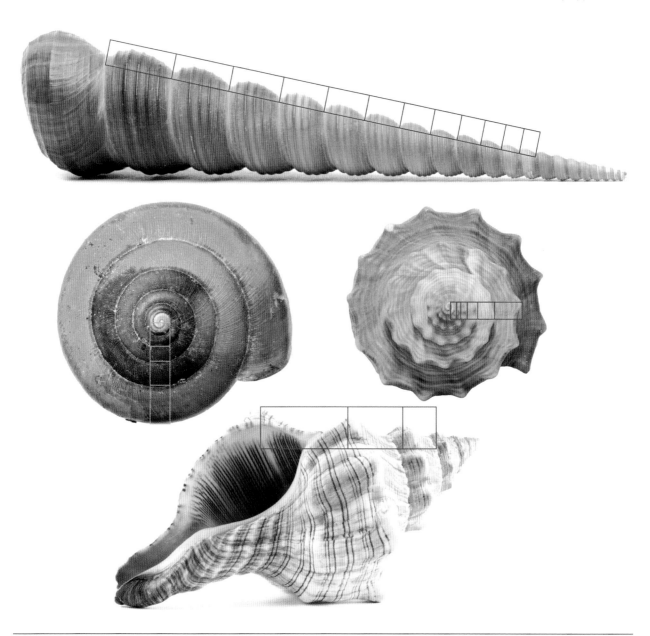

昆蟲也是如此。身上的斑點或者比例體現出黃金比例的昆蟲，相對來說還是相當常見，如下圖所示。然而，昆蟲——占地球上所有多細胞動物百分之九十的昆蟲[5]——牠們身體的基本形狀和結構千姿百態、多不勝數，因此我們無法斷定黃金比例是牠們身體構造中普遍的、甚至是主導的規則。

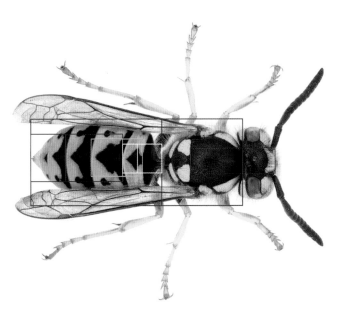

不管是家貓（左）還是非
洲獅（右），臉部特徵都
體現了黃金比例。

生命王國愈往上層，物種愈少，外觀特徵上也出現更多一致的結構。我們在食肉目貓科動物的眼睛、鼻子和嘴的比例和位置上，都能找到黃金比例。具體來說，鼻子中心和眼睛外側之間的距離的黃金比例線，基本上對齊眼睛的內角。此外，貓瞳孔和嘴之間距離的黃金比例線，基本上對齊貓鼻子的頂端。

在靈長目人科中，我們經常發現眼睛、鼻子和嘴的位置之間有類似的比例關係。例如，瞳孔和嘴之間距離的黃金比例線，基本上對齊鼻子的底部。眼睛在臉部寬度上的位置和比例，也存在明顯的黃金比例。同樣的比例也可以在人臉上發現，這並不足為奇。

在某些猿類的臉上也發現了黃金比例，包括幼年獼猴（左）和黑猩猩（右）。

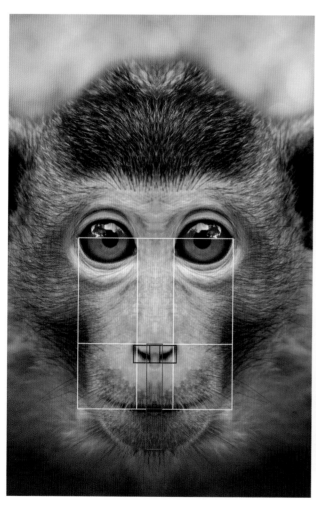
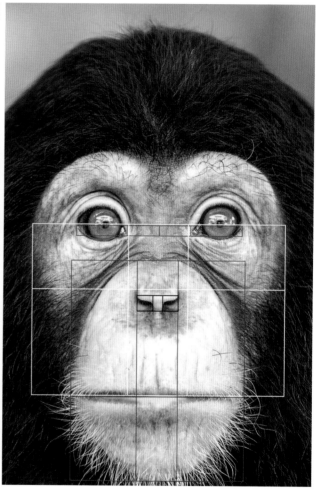

黃金人體比例

　　「奧卡姆剃刀」是14世紀英國奧卡姆的威廉修士（William of Ockham，約1285-1347）提出的原理，內容是說在眾多假說中，其中假定最少的，最有可能是正確的解釋。700多年後，奧卡姆剃刀定律仍然是科學家的指導原則，我們在研究人臉和身體比例的科學解釋時也應該考慮這條定律。在達文西繪製的《維特魯威人》中，我們可以找到證據，證明他的人體比例系統使用了二分之一、三分之一、四分之一、六分之一、七分之一、八分之一和十分之一這些比例。然而，同樣是這些人體比例，可以更容易地用一系列黃金比例來表示。哪個系統比較好呢？如果你能問一下奧卡姆的威廉，他可能會建議你使用更簡單、更經濟的黃金比例系統。想想其他生物機體的碎形增長的比率是多少？黃金比例似乎更有可能是正確的解釋。

　　伸出一隻手，看看你食指的比例。X光圖像顯示，食指的每一節骨頭，從頂端的指尖到末端的手腕，長度比例剛好是費波納契數列中的四個連續數2、3、5、8。我們已經知道，費波納契數列中連續數的比值會愈來愈趨近黃金比例。前臂長度與手長的比約為1.618。

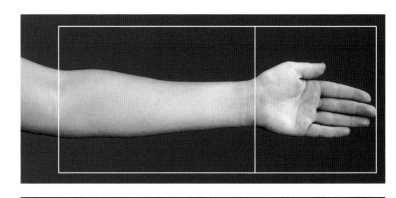

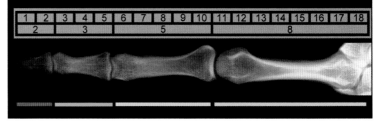

將直尺置於食指X光片旁，費波納契數列與每一節指骨長度之間的關係十分明顯。

人臉

　　那麼，人臉也存在黃金比例嗎？所有臉孔的基本結構大致上是相同的。這就是為什麼我們看起來像人，而不是像獅子或黑猩猩。不過，在這個大致相同的結構上，仍然存在很多差異，我們要如何得出一張能代表所有人類的臉孔呢？人臉研究機構FaceResearch.org的研究人員麗莎・德布林（Lisa DeBruine）和班・瓊斯（Ben Jones）所做的一項研究提供了答案。他們使用伯納德・提德曼博士（Bernard Tiddeman）開發的PsychoMorph軟體，將18至35歲的50名白人男性和50名白人女性的全彩臉部圖像結合，得出一張「平均臉孔」。他們還用男性和女性的白人、西亞人、東亞人和非洲後裔各四張圖像，創造出這些族群的「平均臉孔」，結果驚人地相似。儘管只用了16張人臉，但將這4個種族混合成一張「通用臉孔」，這張合成臉的基本比例，與用50名男性和女性得出的「平均臉孔」幾乎相同。

這是用50名男性和50名女性的臉，在比例上取189個臉部特徵數學平均值鎖得到的結果，為評估人臉各項特徵中的黃金比例提供了非常可靠的統計學參考基準。

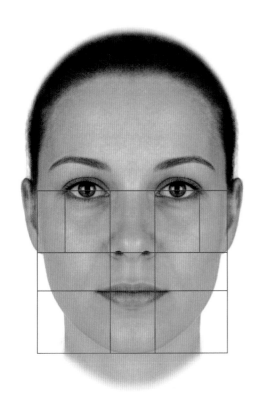
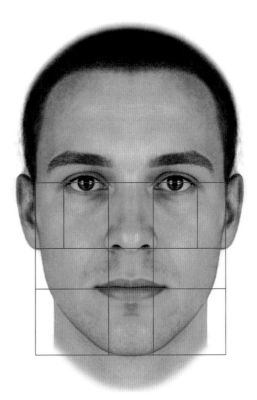

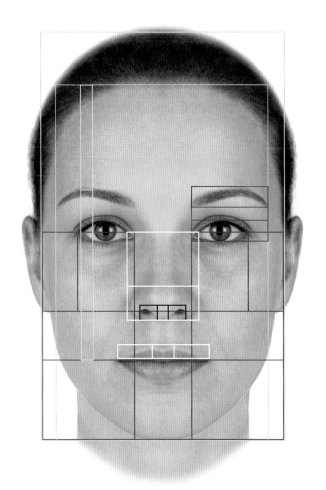
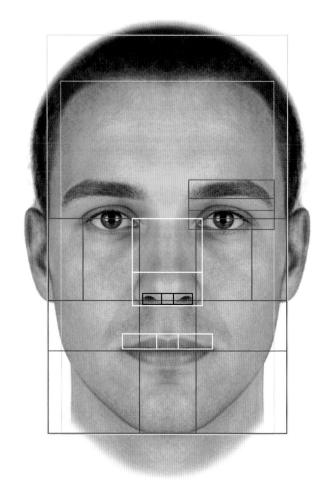

PhiMatrix黃金比例網格清
楚顯示出人臉中常見的黃金
比例。

　　將一個簡單的PhiMatrix黃金比例網格應用於男性和女性的合
成臉孔，我們可以發現：與其他人科生物一樣，眼睛的內角通常位於
從臉的一側到另一側距離的黃金比例處，眼睛外角則位於從眼睛內角
到臉的一側的距離的黃金比例處。而如果測量一下瞳孔到下巴的垂直
距離，我們可以發現另一個常見的黃金比例，出現在嘴部的中心唇線
上。169頁和175頁的例子，就是將這個基本黃金比例結構應用於不
同的民族。

　　測量五官各個部位之間的距離，我們發現在這張「平均」人臉
中至少有12處體現了黃金比例，包括眼睛、眉毛、嘴、嘴唇和鼻子

的比例和位置。頭部的高寬比是一個黃金矩形，由髮際線、下巴和眉毛勾勒出的臉部區域也是。值得注意的是：這張體現了和諧的黃金比例這門「神祕科學」的這張「平均臉孔」，在歷史上一直被廣泛應用於藝術創作中。

有人質疑黃金比例為什麼會出現在人臉上——但為什麼不呢？這個比例以及與之相關的費波納契數列出現在許多生命形態中，人臉也不例外。那些說黃金比例並沒有出現在人臉上的人，只是忽略了臉部特徵中出現黃金比例的那些地方。而會這麼說的人，有些甚至從未進行過任何測量。我的測量結果，以及史蒂芬・夸特博士（Stephen R. Marquardt）和艾迪・萊文博士（Eddy Levin）等公認專家的測量結果，不僅證實了黃金比例會在人臉中出現，而且也證明：黃金比例影響了我們對美學和魅力的感知。

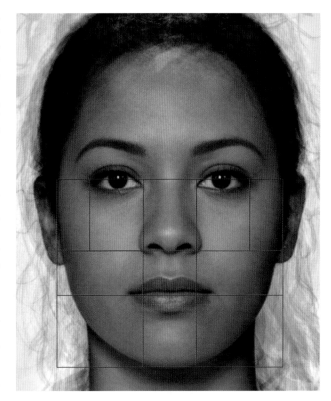

儘管這張女性臉孔僅是由16張臉孔（來自4個民族）合成的，但這張臉孔上的比例與第167-168頁上白人女性的臉孔非常接近。

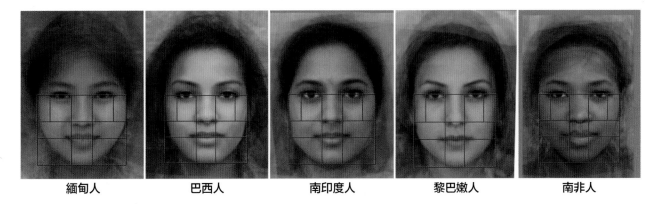

| 緬甸人 | 巴西人 | 南印度人 | 黎巴嫩人 | 南非人 |

獨立研究員科林・斯皮爾斯（Collin Spears）使用FaceResearch.org的軟體得出來自40多個國家的女性和男性的合成圖像。結果非常有趣。雖然不同地區人們的臉型存在細微差異，但合成後的「平均臉孔」都相當符合黃金比例人臉網格。這說明黃金比例是存在於全世界人臉上的普遍現象。

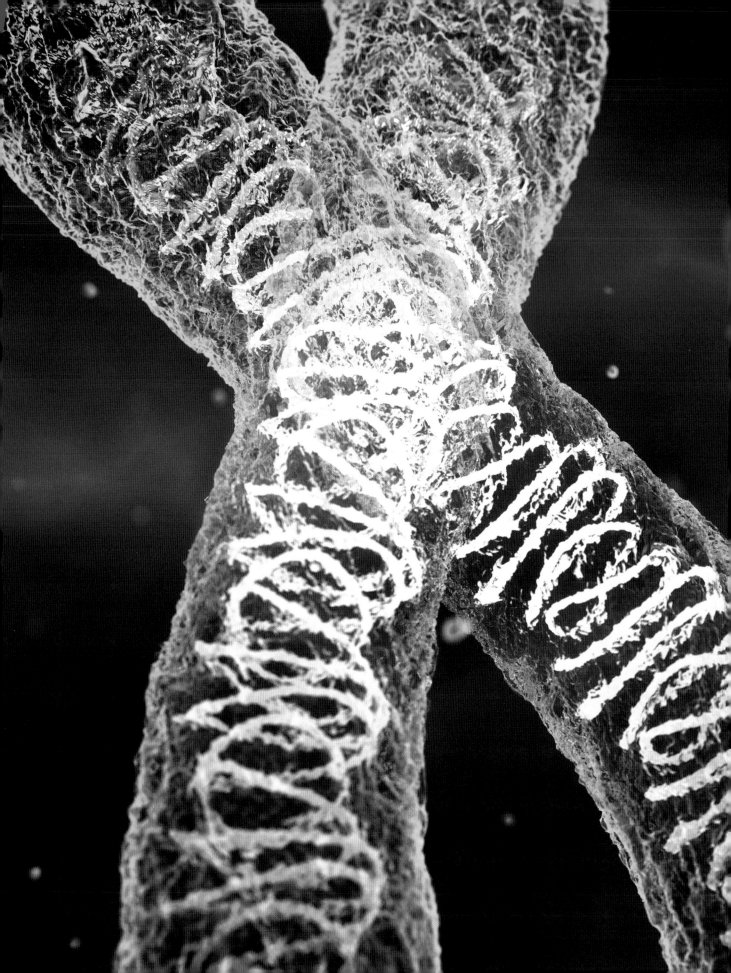

黃金DNA？

黃金比例似乎影響了我們身體和臉部的比例，那麼人類生命中最基本的組成部分——DNA呢？DNA是去氧核糖核酸的英文縮寫，這種亞微觀雙螺旋結構包含的資訊決定了所有生命形態的形成和發展，包括病毒在內。

DNA有多小？人體內的每個細胞都含有92股DNA（人體總共有43對色體，每對染色體由兩股DNA組成）※。根據最新資料，人類大約有30到40萬億個細胞！[6]每一個細胞都很小，從幾微米（即百萬分之一米）到約100微米不等，而每個細胞核中的DNA長鏈的寬度更要小得多，以奈米（即十億分之一米）為單位。據估計，單個360度旋轉的DNA的長度為3.2奈米，長鏈的寬度為2.0奈米。[7]這兩個資料的比值為1.66，與黃金比例驚人地接近。

事實上，遺傳學家已經發現不同種類的DNA，但據說B型DNA在自然界中最普遍。巧合的是，在這種DNA結構中，小溝與大溝交替出現，而這些溝槽的比例似乎也與φ有關。

此外，B型DNA的雙螺旋每旋轉360度大約有10個DNA鹼基對。這就形成了一個具有十個邊的橫截面，就像十邊形一樣。你能在這個橫截面的中心看到五邊形的結構嗎？

※編注： 人體在進行細胞分裂時會短暫形成92條染色體，但一般狀態下皆只有46條散狀的染色體，並在複製時形成23對的形式。

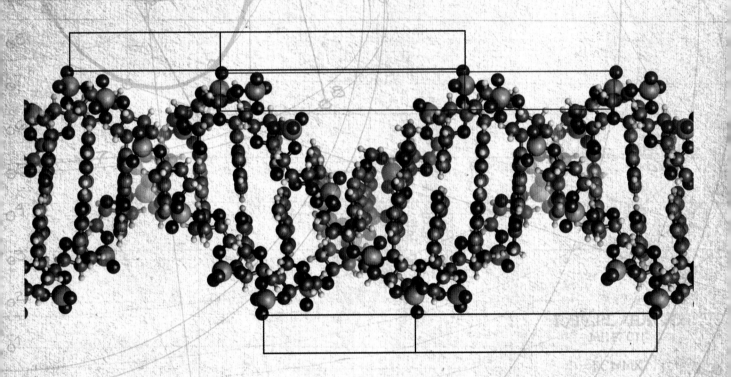

上圖：DNA雙螺旋結構放大圖，黃金比例顯而易見。

左頁：DNA長鏈在染色體內盤繞。

人體的每一個二倍體細胞——也就是說，我們的大多數細胞，只有單倍體生殖細胞除外——都包含至少60億個鹼基對，其中包含著你所有的遺傳程式，讓你成為與眾不同、獨一無二的你。更令人難以置信的是，每一個鹼基對都盤繞形成6微米的空間——人類頭髮寬度的1／16——但是如果拉伸的話，一條DNA鏈可以延伸到6英尺（1.8公尺）長！[8]

注意B型DNA分子結構橫截面的五重對稱，如圖中央所示。

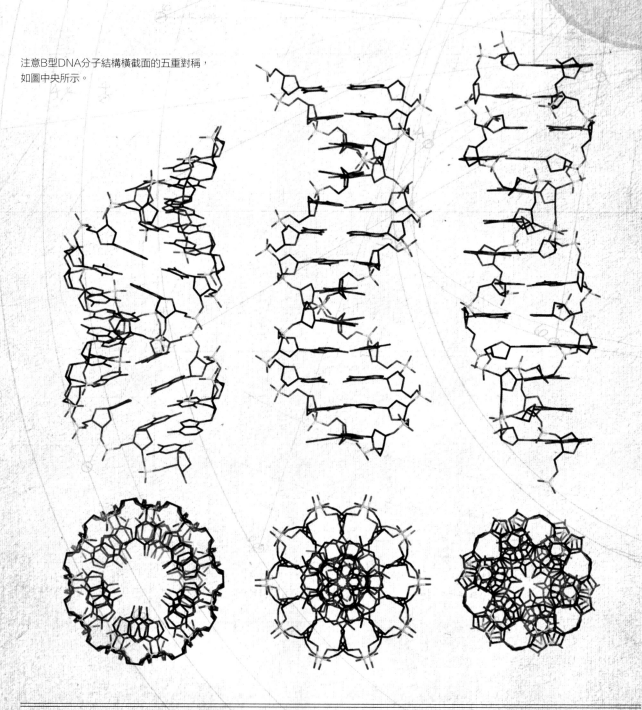

φ 的自然之美

從古到今，對人類形態之美的崇敬啟發了無數的故事和藝術作品的誕生。據說特洛伊戰爭的起因，就是世上最美麗的女人海倫被綁架後，亞該亞人試圖追回她並將她送回斯巴達，於是派出一千艘船，引發了傳說中的特洛伊戰爭。自古以來，人類對美的觀念引導著人類歷史的走向，同時也為我們最偉大的藝術、文學和音樂等作品帶來啟迪。

馬夸特面具

史蒂芬‧馬夸特對人臉的興趣源自於他童年時期的創傷性事件。他四歲的時候和父母出了車禍，他臉上的每根骨頭都斷了。幸運的是，一位醫術高超的外科醫生為他進行了非常成功的臉部修復；但即使如此，他的相貌還是有明顯改變。這段經歷讓他產生了一種深切的渴望，想要去深入瞭解細微的差異是如何影響我們感知和識別臉孔，我們又是如何決定哪一張臉最漂亮。

馬夸特獲得了口腔和顎面外科專業的醫學博士學位。在他尋找上述問題答案的過程中，他發明了——或者用他的話說，「發現」了——馬夸特面具（Marquardt Beauty Mask）。這張面具上有很多比例體現了黃金比例。這是因為它是由一組十邊形構成的，而十邊形就像五邊形一樣，與 φ 密切相關。馬夸特的臉部成像研究得到了全世界專業人士的認可，並在公共媒體上得到廣泛傳播，介紹他關於「美」的研究的文章和紀錄片有數十個，其中包括2001年英國廣播公司（BBC）的紀錄片《人臉》（The Human Face）。馬夸特面具共有八張，涵蓋男性和女性，以三度成像，包括正面和側面視角，以及微笑和不帶微笑的表情。

馬夸特從事臉部外科手術近三十年後退休，之後持續專注於他對人類跨文化美學的研究。他將獲得專利的馬夸特面具應用於不同的臉部圖像——不同的時代、不同的文化、不同的種族，揭示了我們認識人類之美的一個重要原則。儘管千百年來時尚發生了變化，人類對美的基本看法卻不曾改變。

我用PhiMatrix軟體分析了歷史上公認的美麗臉孔，發現關鍵的臉部特徵，包括瞳孔、眼線、鼻子、唇線、下巴、臉寬等，都與黃金比例網格對齊。在接下來的幾頁內容裡，我們會看到黃金比例在當今所有民族的美麗臉孔中也很常見，這也從另一個角度說明了我們對美的深層理解是不變的，並且普遍適用於所有人。

朱莉婭・弗拉維亞（Julia Titi Flavia，西元64年－91年），古羅馬皇帝提圖斯（Titus）的獨生女。這座大理石雕像完美體現了羅馬帝國時代的古典美。

娜芙蒂蒂（Nefertiti），一位以美貌聞名的埃及女王，和她的丈夫法老阿肯納頓（Akhenaten）在西元前1350年左右統治著埃及。她的名字字面意思是「有個美麗的女人來了」，她那勻稱的美麗容貌至今仍吸引著我們。

不同種族的人臉在諸如眼睛、眉毛、嘴唇、鼻子等較為精細的臉部特徵的平均尺寸和比例上存在差異；但基於黃金比例的基本臉部結構，跨越了這些細微差異，建構出一個美的原型。

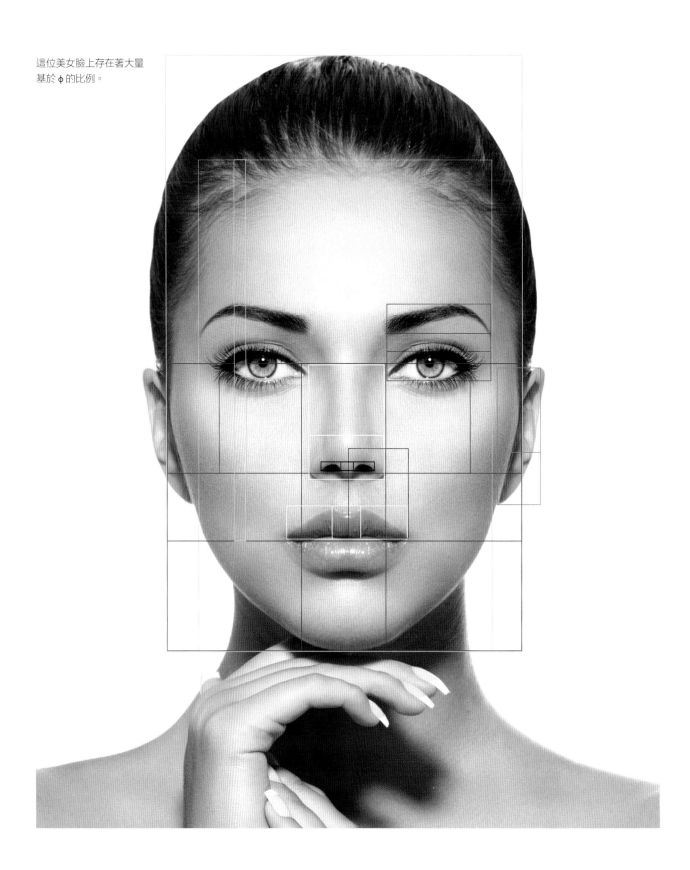

這位美女臉上存在著大量基於 φ 的比例。

縱觀歷史，諷刺漫畫家似乎特別擅於利用臉部比例，滑稽或荒誕地誇大一個人的臉部特徵或缺陷。有時，他們把自己鄙視的人描繪得很醜。從方法上講，他們常常透過縮小眼睛和鼻子之間的距離，或者加大鼻子和嘴之間的距離，將一個人的負面內在品質轉化在外貌上，例如法蘭德斯派畫家昆丁·馬西斯（Quentin Matsys）的諷刺畫《醜陋的公爵夫人》（The Ugly Duchess）。諷刺漫畫說明了我們對自己所認為的臉部比例標準是多麼敏感，以及當這些比例發生輕微變化時，一張臉看起來會多麼不自然，但同時又能保證讓人一眼就辨識出該人物的形象。

《醜陋的公爵夫人》，
法蘭德斯派畫家昆丁·
馬西斯，1513年。

黃金比例齒規

牙科整形先驅艾迪‧萊文醫師（Dr. Eddy Levin）開始自己的行醫生涯後，對一個問題產生了興趣：為什麼儘管他費盡心思讓扭曲或損壞的牙齒看起來自然，但仍然看得出來是假牙？某一個瞬間，他突然頓悟：黃金比例可以幫助他讓人的牙齒外觀更自然、更美麗！他將這一發現付諸實踐。最早是在他任教的醫院裡，他在一個年輕女孩身上驗證了他的想法。這個女孩的上排牙齒情況非常不好，需要戴牙套，儘管其他工作人員和技術人員對此持抱持懷疑，他還是用黃金比例原則為她所有的上排牙齒做了牙套。所有人不得不承認，這次治療非常成功。

後來，萊文醫師團隊的技術人員就黃金比例在牙科中的應用舉行了許多講座。萊文醫師發明了黃金比例齒規和網格系統。他的網格系統是根據一系列黃金比例，來決定正面視角下牙齒的首選比例，牙醫可以根據這套網格系統來評估患者的牙齒，並據此做出相應調整。例如，門齒的寬度與兩側門齒的寬度之比應等於 ϕ，即1.618。

萊文醫師的牙齒整形系統也涉及到其他幾個臉部黃金比例，包括鼻子和下巴下緣之間的距離，以及牙齒和下巴下緣之間的距離之比。[9]他的這個系統在美國數間大學都被列為必修，他的研究和實踐顯示了黃金臉部比例在牙科整形中有多有用。

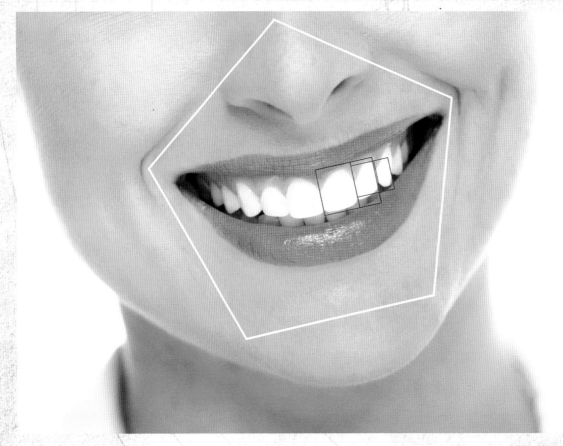

美麗的牙齒體現了黃金比例。

平均臉部比例和公認美麗人物臉部比例之間的相似性，讓我們發現了另一項關於人臉魅力的洞察：平均臉部比例看上去總是會很順眼，甚至非常美麗！那些公認具有非凡美貌的人通常眼睛和嘴唇都比較大。這就是為何使用化妝品來增強某些臉部特徵，會讓人對一個人吸引力的感知上產生非常明顯的差異。除了用化妝來增強魅力之外，我們的臉部本身也具備一套相互關聯的黃金比例，賦予我們與生俱來的魅力——藝術家就是用同樣的比例，創造出無數美麗非凡的藝術和建築作品。

　　所以，下次當你在鏡子裡看著自己的時候，額外花點時間露出微笑，看看你的臉上有哪些黃金比例。然後想一想，這個比例是如何出現在地球上每一個人的臉上，以及你周圍自然界中豐富的動植物生命之美中。

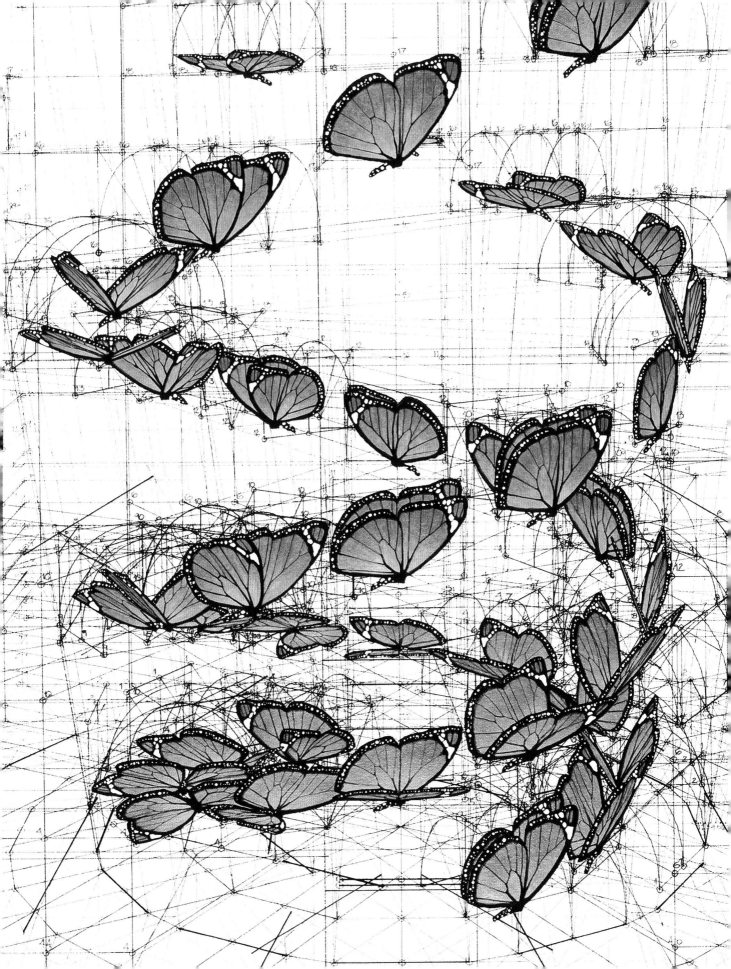

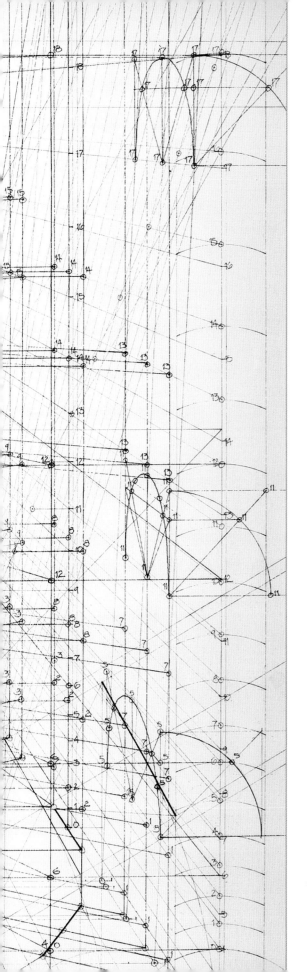

VI

黃金宇宙？

「哪裡有物質，
哪裡就有幾何。」[1]

——約翰尼斯・克卜勒
（Johannes Kepler）

這幅插圖出現在克卜勒1619年出版的《世界的和諧》一書中，說明了太陽系中最早發現的六顆行星的軌道與五個柏拉圖立體之間的（假想）關係。

黃金比例在生命體中頻繁出現，引人遐思。在宇宙中，黃金比例還以更出乎意料，甚至令人震驚的方式存在。我們在第一章說過，著名數學家克卜勒將宇宙描述為一系列「柏拉圖立體」的互鎖結構，基於 φ 的十二面體和二十面體，佔據著地球軌道、金星軌道和火星軌道之間的空間。儘管克卜勒曾嘗試揭開「天體和諧」的祕密，但他的模型並沒能與我們今天觀察到的行星運動相互一致。不過，他還是成功發現行星圍繞太陽的運動，完全改變了我們對宇宙的認知。克卜勒始終對黃金比例心存敬意。這位引發科學革命的天才，年僅58歲就去世。如果他能活得更久，是否能夠揭示更多關於宇宙的祕密呢？

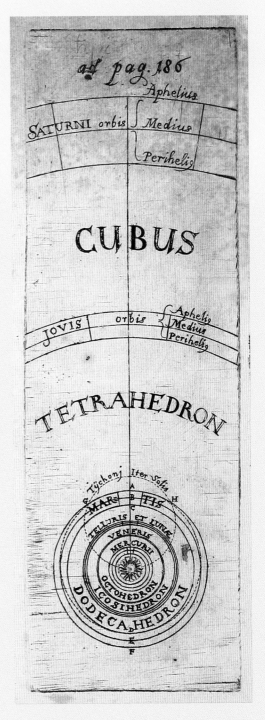

黃金宇宙

大約2千5百年前，柏拉圖在他的一篇對話《蒂邁歐篇》（Timeaus）中提出假設，認為宇宙是由地球、水、空氣和火組成，且這些元素中的任一個都可以與某個多面體聯繫起來。他認為第五個多面體，即十二面體，代表了宇宙的形狀。現代科學顯示這種聯繫純屬虛構，並不存在。但柏拉圖對世界本質的深入研究卻揭示了其他重要的真理和問題，讓後繼者以此為基礎，有了新的發現。例如，法國天體物理學家尚皮耶·盧敏內（Jean-Pierre Luminet）和他的團隊在2003年對宇宙微波背景輻射（WMAP）的資料分析顯示，十二面體的形狀比其他形狀更適合解釋一些觀測資料。[2]對此假設，「陪審團」還沒有定論。關於宇宙結構，我們還有其他偉大的發現。其中最令我驚訝的，是地球和月球的相對大小。

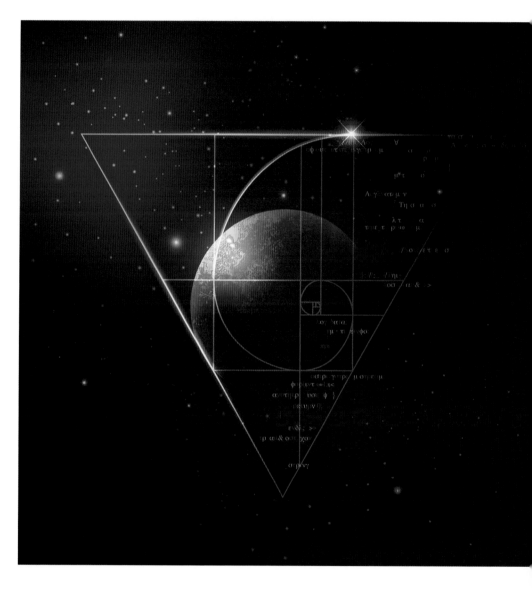

在第四章，我們已經看到克卜勒三角形可以代表吉薩金字塔的比例，兩者相差不超過0.2%。令人震驚的是，地球和月球半徑之間的關係，也能用這個三角形來表示。美國國家航空暨太空總署（NASA）提供了以下觀測資料：[3]

地球半徑（單位：公里）：6371.00
月球半徑（單位：公里）：1737.40

為了視覺化呈現兩者間的相對大小，想像一下，將月球直接置於地球頂端，兩者的中心用一條線連接。再想像一條水平線，延伸到地球最東端，再將該點和月球的中心點連線，形成一個三角形。

如果這個三角形像克卜勒三角形那樣呈現黃金比例，那麼它的高度（也就是地球和月球中心點之間的距離，等於兩者半徑之和），與底邊的長度（即地球半徑）之比，應該等於$\sqrt{\Phi}$，約等於1.27202。但真是如此嗎？

驗證方法很簡單。將兩者半徑相加，得到的數字除以地球半徑：

6371.00 + 1737.40 = 8108.40
8108.40 / 6371.00 = 127270

這個數字與 ，僅相差0.0538%。

行星軌道

　　地球與金星——它在太陽系中第二近的鄰居——之間也存在著非同尋常的關係。地球和金星存在軌道共振，地球每公轉8周（金星公轉13周），兩者在太空中會有5次處於相同的位置上。費波納契又來了！現在想像一下，如果以固定的時間間隔，將金星軌道位置和地球軌道位置相互連線。如下圖所示，得到的圖案是一組漂亮的互鎖五邊花形。

　　從地心的角度看金星和太陽的相對位置，會出現與其非常相似的互鎖五邊形圖案。此外，金星的軌道週期是224.7天，大約是地球一年（365.256天）的0.6152倍。[4,5]這個數字與1/φ僅相差0.5%。

黃金恆星

說完行星，再說恆星。2015年，夏威夷大學的約翰·林德納（John Lindner）和他的團隊發表了一篇學術論文，[6]內容是他們發現了一類藍白可變恆星，這些恆星以接近黃金比例的頻率以碎形模式脈動。這些恆星屬於天琴座RR變星類——這是一個獨特的恆星類，至少有100億年的歷史，其亮度在12小時內可以變化200%。他們花了四年時間用克卜勒望遠鏡觀測其中一顆恆星，每隔三十分鐘觀測一次，發現相同特徵出現的頻率週期為4.05小時和6.41小時，其比例為1.583，與黃金比例相差不超過2.2%。這些恆星之所以被稱為「黃金恆星」，是因為它們的兩個頻率週期的比值接近黃金比例，而那些明顯無規律的特徵的相對頻率似乎顯示，其脈衝隨時間是以碎形模式發生。

為證實這一點，林德納團隊對不同放大倍數下的圖像進行了碎形分析。他們將圖像轉換成頻譜，然後，計算轉換圖中高度超過某個閾值的峰值的數量，其冪律依賴於閾值，這是碎形模式的標誌。脈動頻率符合碎形規律，而當振盪分成若干部分時，可以識別出其他較弱的頻率。根據研究人員的表述，較弱的頻率遵循一種類似於海岸線的模式，從任何距離外觀察，這種「海岸線」都呈鋸齒狀。他們認為，這種碎形脈動可能包含著有關恆星表面特徵的資訊，例如表面不透明度的變化。

目前還不清楚恆星的碎形模式行為是否有其原因。如果有其原因，那就還有其他關於恆星的物理現象線索等待我們去發現。

右頁：這張圖顯示了赫羅圖（Hertzsprung-Russel diagram）上天琴座RR變星的位置。赫羅圖是研究恆星演化的重要工具，比較了不同種類恆星的顏色和亮度。

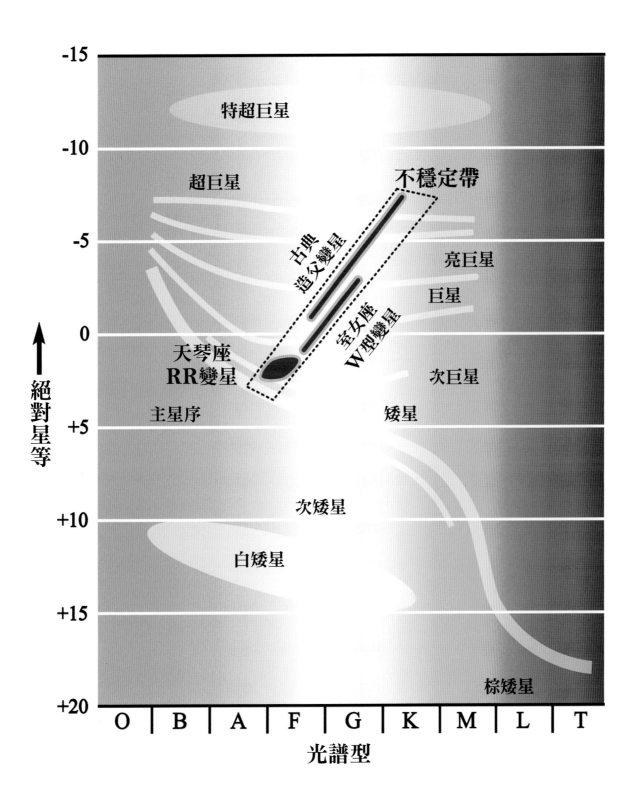

特超巨星

超巨星

不穩定帶

古典
造父變星

亮巨星

巨星

室女座
W型變星

天琴座
RR變星

次巨星

主星序

矮星

絕對星等

次矮星

白矮星

棕矮星

O | B | A | F | G | K | M | L | T

光譜型

黑洞

1958年，美國物理學家大衛·芬克爾斯坦（David Finklestein）將黑洞描述為太空中存在的一個區域，那裡面的引力非常之大，沒有任何東西——甚至是光——能從中逃脫。他認為黑洞在大質量恆星坍縮時形成，吞噬其他恆星並與其他黑洞合併後，變成超大質量的存在。許多物理學家相信，大多數星系的中心都存在這種超大質量的黑洞，包括我們所在的銀河系。多年來，物理學家試圖用數學的方式描述黑洞獨特而強大的物理特性，包括黑洞的質量和角動量（即旋轉速度）。

1989年，《古典和量子引力》雜誌（Classical and Quantum Gravity）上發表了一篇論文，[7]這篇論文中，英國天體物理學家保羅·戴維斯（Paul Davies）提出，旋轉的黑洞從一種狀態向另一種狀態過渡時，那個過渡點與 ϕ 有關，比如黑洞從加熱狀態逐漸損失能量，直到冷卻狀態。戴維斯甚至明確指出，黑洞狀態的過渡發生在其品質的平方等於角動量的平方的 $1/\phi$ 時。不過，其他物理學家對他的發現提出了質疑。

黑洞的其他研究人員提出了許多將 ϕ 做為常數的方程式。其中包括智利聖地牙哥大學（University of Santiago）的諾曼·克魯茲（Norman Cruz）、馬可·奧利瓦雷斯（Marco Olivares）和維拉紐瓦（J. R. Villanueva）。在2017年的一篇論文《施瓦茨柴爾德-科特爾黑洞中的黃金比例》[8]中，他們提出了證據，證明 ϕ 出現在黑洞中的粒子運動中：兩個光子以最大徑向加速度在軌道上運行時，兩者之間最遠距離和最近距離之比為 ϕ。

墨西哥錫那羅亞自治大學（Autonomous University of Sinaloa）的涅托（J. A. Nieto）在2011年的一份研究報告[9]中指出，當他試圖用更高的維度描述黑洞的性質時，黑洞與黃金比例之間存在著驚人的關係。具體來說，在描述四維黑洞時，他發現了這個公式：

$$\begin{vmatrix} 1-\Phi & 1 \\ 1 & -\Phi \end{vmatrix} = \Phi^2 - \Phi - 1 = 0$$

涅托立刻從中發現了那個知名的公式。除了正式確立黃金比例與黑洞之間的關係外，他還讓我們更明確認識到黑洞的「視界」，又叫「事件視界」（Event Horizon），一個不歸點——任何物體都會因為巨大的引力而無法逃脫。

左頁：銀河系中央的超大質量黑洞示意圖。

基於 ϕ 的物質？

石墨烯的蜂巢狀單層碳原子結構——「巴克球」（見第195頁）。

　　從廣闊的太空回來，我們來到微觀的分子結構世界，這裡有準晶體、巴克球以及其他形式的各種物質，它們的原子和分子的排列中似乎體現了黃金比例。

準晶體

　　1982年，以色列科學家丹・謝赫特曼（Dan Shechtman）用掃描電子顯微鏡拍攝了一幅圖像，這幅圖像顯示出的內容似乎與結晶學——一個研究固體晶體的化學分支——的基本假設相互矛盾。圖像上，每個圓上出現十個亮點，呈現出十倍對稱的繞射圖案。當時流行的觀點認為，晶體只能具有兩倍、三倍、四倍和六倍的旋轉對稱性，但謝赫特曼的發現改變了這一切。然而，令人難以置信的是，在他試圖為自己的發現辯護的過程中，謝赫特曼被要求離開他的研究小組。這場「戰鬥」持續下去，其他科學家最中被迫重新審視他們對物質本質的理解。「彭羅斯貼磚」問世後，科學界逐漸開始接受謝赫特曼的發現。

謝赫特曼（最左）在1985年國家標準技術研究所（NIST）會議上討論準晶體的原子結構。

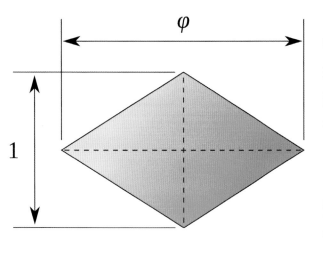

自然界中的大多數晶體，包括糖、鹽和鑽石，都是週期性生長的完全對稱結構，整個晶體的結構按同一方向排列。然而，準晶體卻是不對稱的，非週期性的。準晶體的發現提出了物質的一種完全出乎意料的全新的狀態，它結合了晶體和非晶體物質（如玻璃）的特性。謝赫特曼最早在一種鋁錳合金（Al6Mn）中發現準晶體，其後，又有數百種準晶體在其他物質中被發現，其中許多是鋁合金。第一個天然存在的二十面體準晶體，是2009年在俄羅斯發現的。[10]

「彭羅斯貼磚」做為二維平面上的一種五重對稱的方式，需要兩種形狀：飛鏢形和風箏形。在三維空間中，只需要一種：擁有黃金比例的六邊立體菱形。

其他準晶體呈現出不同的形態。比如下圖，Ho-Mg-Zn準晶體，呈現出一種五邊十二面體，每個面都是正五邊形。

上圖： 三維黃金菱形是某些準晶體的結構基礎。

右圖： 這張照片比較了Ho-Mg-Zn準晶體與一分美元硬幣的大小。據美國能源部稱，這種新材料作為汽車機械零件的低摩擦塗層，具有很高的應用潛力。

謝赫特曼發現準晶體將近三十年後，終於獲得諾貝爾化學獎。從那時起，科學界就轉向了西班牙中世紀的伊斯蘭阿罕布拉宮（Alhambra Palace）和伊朗伊斯法罕的達布伊瑪神殿（Darb-i Imam），那裡面的材料裡都發現了基於 ϕ 的非週期準晶體結構。隨著謝赫特曼對準週期性的發現，一類全新的多面體結構成為可能，任何數量維度下的對稱性都可以實現！

下圖：這五種吉裡赫圖案（Girih），在伊斯蘭建築中用來創造非週期的幾何圖案已有近千年的歷史。注意其中的五邊形和黃金菱形。

上圖：Ho-Mg-Zn準晶體的電子繞射圖顯示了其結構的五重對稱性。注意，疊加之後出現大量的五邊形、五角星形以及其他基於 ϕ 的圖形。

最下：這種吉裡赫圖案出現在烏茲別克斯坦撒馬爾罕的夏伊辛達墓地（Shah-i-Zinda）內的圖曼‧阿卡（Tuman Aka）陵墓的牆壁上。

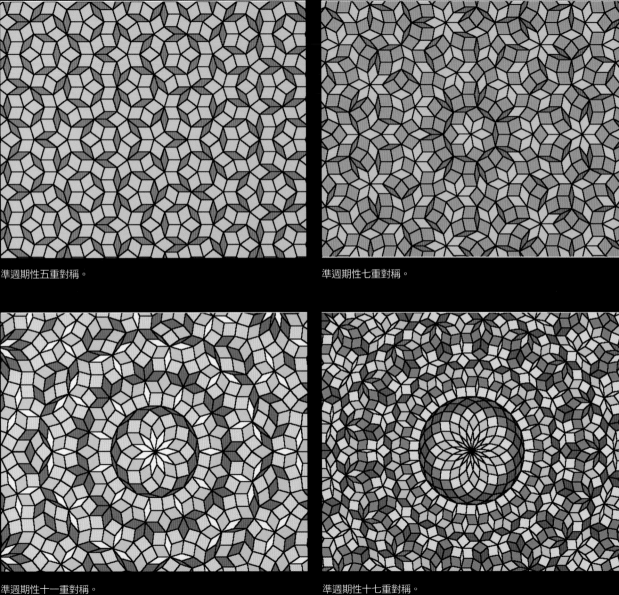

準週期性五重對稱。

準週期性七重對稱。

準週期性十一重對稱。

準週期性十七重對稱。

巴克球

第三章我們說過，帕西奧利關於黃金比例的奠基之作《神聖的比例》，裡面用到了達文西繪製的多面體結構三維插圖，包括基於 ϕ 的十二面體和二十面體。這些插圖還包括十三個阿基米德多面體，其中一個類似於現代的足球（見第61頁）。這種三維多面體的正式名稱是截角二十面體，由十二個五邊形和二十個六邊形組成。1985年，美國化學家羅伯特·柯爾（Robert Curl）、哈里·克羅托（Harry Kroto）和理查·斯莫利（Richard Smalley）宣布他們發現了一種碳分子，碳60（C60），其結構與阿基米德截角二十面體完全相同，他們以發明、推廣網格穹頂（Geodesic Dome）的美國著名建築師、先鋒發明家巴克明斯特·富勒（Buckminster Fuller）為碳60命名，在其姓名後加上一個詞尾-ene，稱為Buckminsterfullerene，簡稱Fullerene，中譯名為富勒烯。正如十二面體和二十面體一樣，富勒烯（又稱「巴克球」）的結構也體現了黃金比例。例如，將碳60分子的60個點的位置繪製在三維笛卡兒坐標系上（以原點為中心），所有60個座標都是 ϕ 的倍數，如下所示：[11]

$$X(0, \pm1, \pm3\Phi)$$
$$Y(\pm1, \pm[2+\Phi], \pm2\Phi)$$
$$Z(\pm2, \pm[1+2\Phi], \pm\Phi)$$

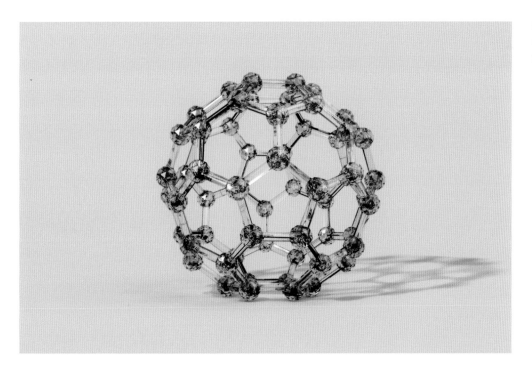

富勒烯的碳分子結構就是一個基於 ϕ 的阿基米德截角二十面體。

量子 φ

　　2010年1月，牛津大學的拉杜‧科雷亞博士（Radu Colea）發表了一篇論文，討論了固態物質中出現的黃金比例對稱性。[12]該論文解釋了原子尺度上的粒子動態，並不像宏觀原子世界中那樣，而是會呈現出因海森堡測不準原理（Heinsberg's Uncertainty Principle）而出現的新特性。透過在實驗中人為引入更多的量子不確定性（使用鈮酸鈷），原子鏈就像一根奈米級的吉他弦，產生了一系列共振「音符」，形成一組「音階」，其中前兩個的頻率之比為1.618。科雷亞認為這不是巧合，他認為這體現了該量子系統——名為E_8——之中隱藏的一種對稱性。E_8是一個非常簡單的量子群，與黃金比例有著密切的關係，如黃金比例同心半圓所示，當該半圓上半部分與E8結構重疊（藍色、紅色、金色、白色）時，會出現一種圖形，就像是巴黎聖母院美麗的玫瑰窗。

右圖：英國數學家托羅爾德‧戈塞特（Thorold Gosset）1900年發現的4_{21}半規則多面體的E_8考克斯特平面投影圖，這種多面體呈現出三十重對稱和黃金比例。

右頁及下頁：4_{21}多面體的考克斯特平面投影圖，使人想起巴黎聖母院北窗基於 φ 的美麗圖案。

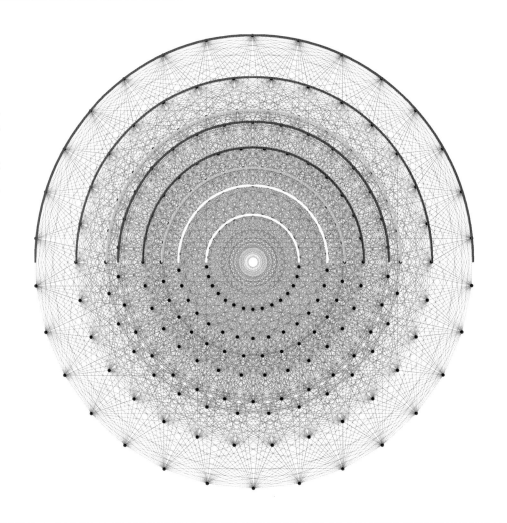

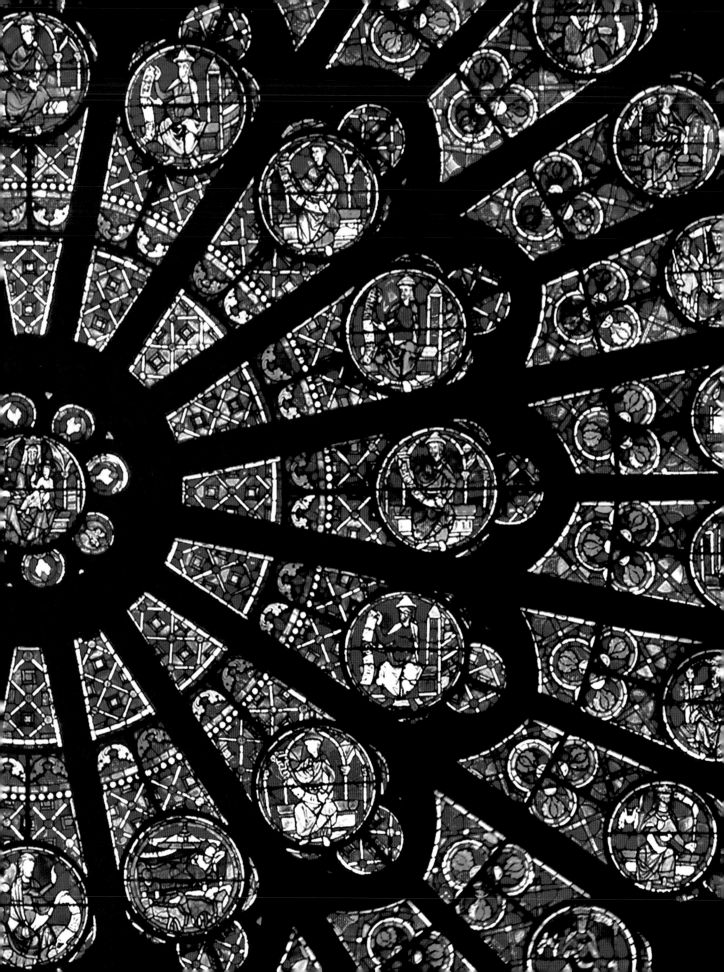

在φ下賭注

有些人希望費波納契數字能在選擇彩券號碼或賭博中帶來優勢。事實上，這類機率遊戲的結果是隨機的，與費波納契數列沒有特殊的聯繫。

不過，確實有一些博弈下注系統會使用它進行押注策略的管理，其中，以費波納契數列為基礎的「費波納契系統」，是馬丁格爾策略的一種變體。馬丁格爾（Martingale）是一種下注策略，通常用於兩種結果的可能性接近50%的遊戲，例如擲硬幣。玩家每輸以前一輪的兩倍押注，直到最後贏回所有損失。費波納契押注系統通常用於賭場和線上輪盤，押注的模式遵循費波納契數列，每次押注都是前

在電腦科學領域，費氏搜尋法（Fibonacci Search）對於在排序陣列中搜索特定元素非常有用。費波納契堆（Fibonacci Heap）是一種優先佇列的資料結構，確保高優先級的元素排在低優先級的元素之前。費波納契堆比許多其他佇列的資料結構具有更好的性能，有助於提高電腦程式運行的效率並解決通訊網路中複雜的路由問題。

還有一群人會使用黃金比例和費波納契數列，他們的目的與之前提及的都不同。他們這種從大自然植物及文藝復興時期藝術品中發現的數學關係應用於股票市場、外匯交易以及其他金融工具的分析。金融市場的經濟週期在數年的時間內會

場數	第一場	第二場	第三場
第1次押注	押注1，輸	押注1，輸	押注1，贏
第2次押注	押注1，輸	押注1，輸	押注1，贏
第3次押注	押注2，贏	押注2，輸	押注1，輸
第4次押注	-	押注3，贏	押注1，輸
第5次押注	-	-	押注2，贏
最終結果	平	輸1	贏2

兩次押注的總和，直到玩家贏了為止。使用費波納契押注系統，押注的金額要少於使用馬丁格爾策略；但如果你手氣不佳，也無法改變自己輸錢的命運。

在此需要鄭重警告：任何博弈押注系統都不會改變一個遊戲的基本賠率，而基本賠率總是有利於賭場或彩券公司。這種系統只能讓押注顯得更有條理，如上例所示。

出現一些規律，這種規律有時會與黃金比例和費波納契數列出現某種重合，這些數字有時也會和某檔股票或某種貨幣單日內的交易規律契合。這樣來看，每日或每週的交易走勢可以視為是一種在更長區間內相同走勢的碎形模式。有些「技術分析派」的投資人認為，這種波動規律決定了漲跌的時機以及價格阻力點。

※**編注：** 投資領域多稱「黃金分割線」，本段落中也以此稱呼。

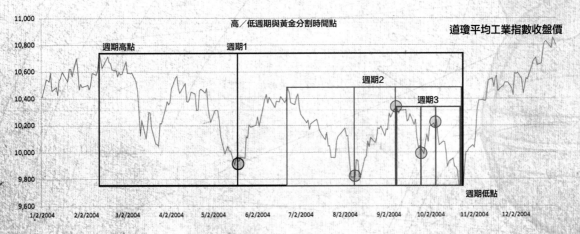

這是我根據2004年每日收盤價建立的道瓊工業平均指數圖表，[13]其高／低週期中體現了基於φ的規律。

下面是我建立的另一張圖表，顯示的是2008年全年每日收盤價的道瓊工業平均指數。[14]紅色矩形標示出當年最高和最低的價格點，兩條黃金分割線就是價格阻力線。如圖所示，從4月到7月中旬的下跌停止在黃金分割價格阻力點的上方，然後回彈。9月份突破了這兩條阻力線後，又再次上升，在再次下跌之前剛好到達下方那條黃金分割價格阻力線。當然，回過頭看會更容易發現這種規律，但分析師試圖確定大盤未來趨勢時也經常會使用類似的方式。

在此要慎重警告：正如黃金比例不是藝術領域裡確保成功的特效武器，在金融市場分析中，黃金比例也只是眾多工具之一。謹慎的投資者會使用各種工具和技術來最佳化投資報酬和管理風險。許多投資人相信，只要透過更好的方式掌握價格的市場轉折點，再結合其他分析工具，就能提高交易獲利的成功率，從而提高他們的整體金融表現。

俄羅斯數學心理學家弗拉基米爾‧勒費弗爾（Vladimir A. Lefebvre）的研究表明，我們在金融市場上看到的規律可能不僅僅是偶然。他在1992年出版的著作《兩極性與自反性的心理學理論》（A Psychological Theory of Bipolarity and Reflexivity）[15]中提出了他的研究結果，即人們對事物抱持的觀點中，積極觀點和消極觀點的比例趨近於ϕ——62%的積極觀點，38%的消極觀點。而股價的變化很大程度反映了人們的觀點、估值和期望值，這就可以解釋兩者之間的聯繫。

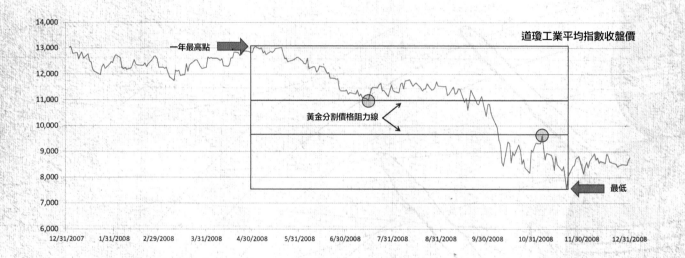

黃金問題

回顧人類千百年的諸多發現，很明顯地，我們生活在一個由數學規律統治的宇宙中，不論是黃金比例還是其他規律。無論是克卜勒的行星軌道定律、愛因斯坦的相對論，還是讓你的眼睛能夠閱讀現在這頁文字的光學現象中涉及的數學，我們在物質宇宙中所經歷的一切都可以用數學來衡量和描述。

至於黃金比例，我們已經看到它是如何以其獨特的美吸引了無數數學家、藝術家、設計師、博學家、生物學家、化學家甚至經濟學家，激發了他們無盡的想像力。黃金比例存在於人類歷史上許多偉大的藝術和建築作品中。雖然並非所有的事物都建立在黃金比例的基礎上，但黃金比例的出現的確數量驚人。而且伴隨著科技的進步以及我們對物質宇宙知識的擴展，我們一定還會在愈來愈多地方發現黃金比例。

如果你更深入地去瞭解這個話題，你會發現：有些人會告訴你，黃金比例是一個可以定義一切的通用常數；你還會發現有些人說的完全相反，甚至會說我在這本書中列舉的證據根本不存在。這是你的「黃金機會」，仔細想想你所看到和學到的東西，深思熟慮後得出你自己的結論，然後思考這個結論意味著什麼。

你可能會問：為什麼會有爭議存在？這個在一位古希臘數學家書中的一個簡單的幾何圖形中所發現的普通數字，是如何、為何會引起如此熱烈廣泛的討論和分歧？你可以從一個簡單的事實中找到答案：φ 以其獨特的方式，觸及了一些哲學層面最基礎的問題和生命的意義。當我們發現世上諸多事物的設計中存在某些數學上的共通性，尤其是在這種共通性看起來出乎意料或者無法解釋時，我們便可能會提出這樣一個問題：這其中是否具備了超越偶然的東西——一個宏偉的設計規劃，背後存在著某種意志，甚至背後有一位設計師？有些人則可能會有不同的解釋，認為這是自然界在適應和最佳化的過程中出現的巧合。無論有多少證據指向相反的結論，每個人都有他背後的信仰體系，影響他對自己所見所聞的一切的解釋。這些關於我們從哪裡來、我們為什麼在這裡，以及我們要往哪裡去的基礎問題，是所有人都必須以開放的思想和開闊的心胸去思考的謎題。

關於黃金比例，還有引起更普遍反響的更重要一點，那就是——它觸及了我們對美的感知。對有些人而言，美的核心在於數學和幾何上的獨特屬性，或者創造完美碎形圖案的能力。有些人則認為，無論有意識與否，我們都能感知到黃金比例之美，無論是在大自然中，還是在人類的臉龐與形態上。還有些人，會有意或無意地在他們的藝術和設計作品中表現黃金比例之美。

不論這種美被感知道什麼樣的程度，我們都需要提出一個更重要的問題：我們是如何、為何要感知美的存在？為什麼我們有看到美的先天能力？為什麼我們也有表達美的需求？從進化的角度來看，美可以視為一種健康的指標，而被健康的事物所吸引，會帶來更有優勢的生存決策——吃哪種水果，或者選擇哪個配偶來繁衍。這很合乎邏輯，但是，欣賞日落中的美、繁星滿天的夜空、啟迪心靈的藝術作品或者一首觸動你內心深處的歌，有什麼進化優勢可言呢？我認為，如果我們能夠坦誠地遵循內心真實感受，大多數人都得承認，人類的體驗存在著超越科學的另一面，不能試圖僅靠科學事實去理性地解釋我們周遭的物質存在。對於我以及歷史上的許多人來說，黃金比例好比黑暗中的一道光，將我們帶到一個不同的角度，讓我們對周遭的一切——包括我們自身——有更深刻的理解。

在這本書中，我只提到了少數可以找到黃金比例的地方，以及少數可以應用黃金比例的方法。有愈來愈多黃金比例的存在和應用不斷被發現，數量驚人。這些發現，哪些是真正的黃金比例，哪些又只是人們的想像呢？要想解決這個問題，最好的方法就是以開放的心態去探索，盡你所能去學習，進而產生真正屬於你自己的理解。

當你踏上這條探索之旅時，別忘了那些先於你走上這條旅程的人們所做出的貢獻。歐幾里得發現了幾何學原理，幾千年來一直給予我們教導和啟發；達文西和文藝復興時期的眾多偉大畫家創新地結合數學與藝術，至今仍然啟迪著我們；克卜勒發現了關於太陽系的基本真理，在他之前的幾代人，一直被謬論所支配；柯比意利用黃金比例的內在和諧，設計了聯合國祕書處大廈，成為領導全球的組織總部，應對人類共同的挑戰，為世界各國帶來和諧；謝赫特曼發現了新的物質狀態，這種狀態以前被認為是不可能的。從LOGO設計到量子力學，黃金比例在各處持續發揮作用。

右頁：夜幕中燈火輝煌的沙特爾大教堂
（Chartres Cathedral）。

向日葵花特寫，每朵小花有五個花瓣，證明了數字「5」在自然生命中是多麼普遍。

帕西奧利將黃金比例稱為「神聖比例」，這種說法確實很恰當，因為在很多人看來，黃金比例是一扇門，透過它，我們就能更深入理解生活中的美和意義，找出我們周圍千變萬化事物背後隱藏的和諧或聯繫。以一個數字而言，它的作用和功能不可思議，但事實就是如此：這個數字在人類歷史中發揮了不可思議的作用，甚至之於生命本身，也扮演著不可思議的角色。

在這個碎形圖中，螺旋從中心水平方向增長，係數為 φ。

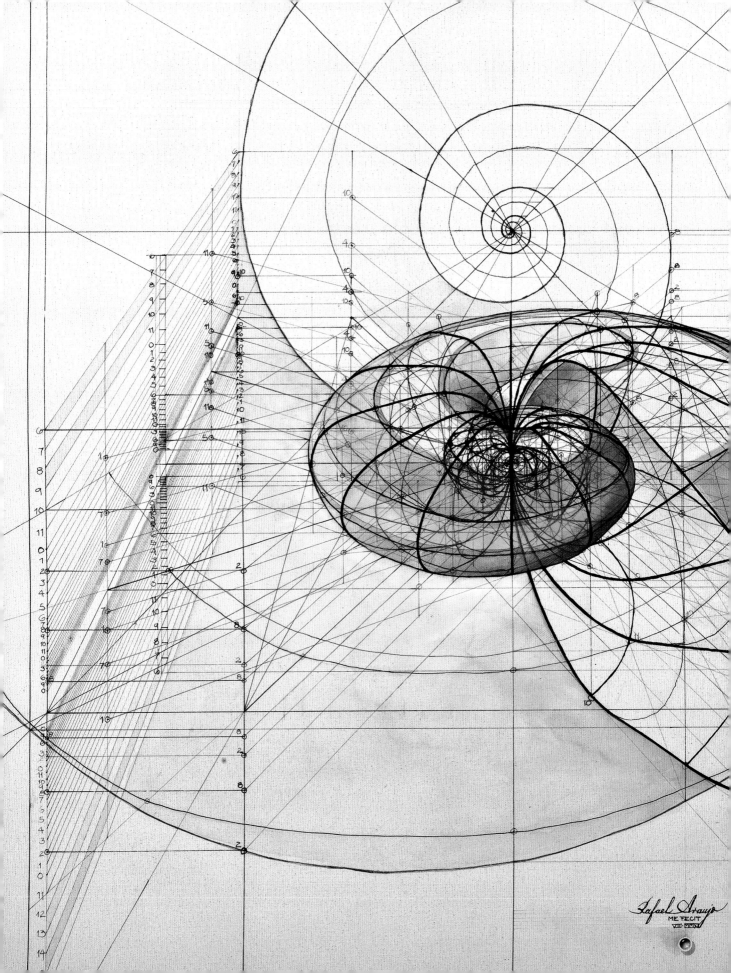

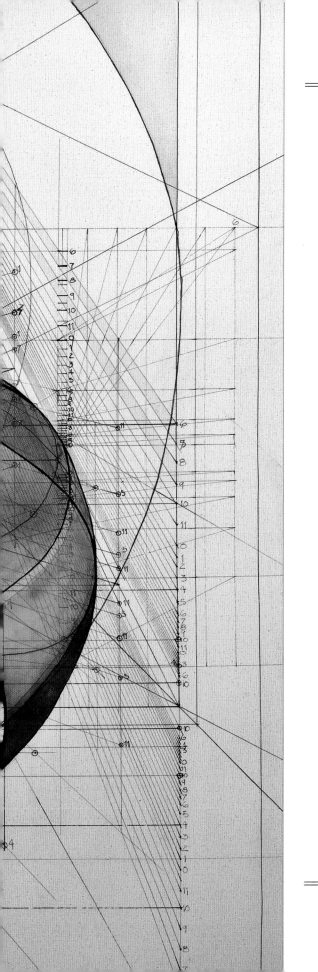

黃金生命

「你們祈求，就給你們；
尋找，就尋見；叩門，
就給你們開門。」[1]

——《聖經新約-馬太福音》
第七章7:7節（新國際版）

附錄A

更進一步

　　黃金比例是一個跨越數千年的話題，廣泛影響了各門學科。因此，任何人都很難對它有全面的瞭解；反過來，這又導致了許多誤傳和誤解。在網路上搜索，你會發現很多才智出眾、受過良好教育的傑出人士發表過他們對黃金比例的觀點。有人認為黃金比例是一個通用常數，是生命的基礎，自然界中的每一個螺旋都是黃金螺旋，而人類形態中的黃金比例則證明了上帝的存在及其造物背後的那隻看不見的手。還有人聲稱，這一切都是荒謬的胡說八道，黃金比例是一個陰魂不散的神話。他們反駁說，你發現的任何黃金比例都只是生物以最有效或阻力最小的方式生長的結果。有些資料會告訴你，我在這本書中所列舉的黃金比例其實在埃及金字塔、帕德嫩神廟、聯合國祕書處大廈或其他偉大建築中都找不到。他們會告訴你，任何在文藝復興時期的大師——比如秀拉或者其他人——的藝術作品中存在的黃金比例都只是巧合。他們還會說，黃金比例在人類形體或臉部中其實都不存在，與美學或對美的感知根本沒有關係。還有，除了植物中有一些費氏螺線和黃金角，其實自然界中也沒有發現太多。

　　和許多案件調查一樣，我們不可能得到我們需要和想要的所有資訊；但是，現在已經到了需要做出裁決的時候，你必須根據你所能得到的資訊做出裁決。在這本書中，我儘量在兩極分化的極端觀點之間保持平衡，列舉幾何和數學中的簡單事實，以及藝術和自然中我認為能證明黃金比例存在的最準確、最有意義的證據。我學習黃金比例已有二十年，在寫這本書的過程中，我又學到了很多我以前不知道的東西。

　　黃金比例在整個人類歷史上都曾出現在「犯罪現場」嗎？它是否出現在我們的藝術創作、大自然以及人類形態本身中？它存在的證據是不是從來沒有像現在這樣唾手可得，乃至大多數人反倒忽略了它？或者它真的只是一個神話或一種傳說，不值得傳承於世？在你做出裁決之前，這裡還有一些觀點，可以幫助你用更好的方式評估那些懷疑黃金比例普遍存在的人的普遍論點。

「因為你尋找規律，所以你才會找到。」
　　有些資料上會說，如果我們認為我們看到了黃金比例，那只是源自於人類在周

圍看到的事物中尋找規律的一種內在需要。這種現象的科學名稱叫做「空想性錯覺」（Apophenia）。根據韋伯字典（Merriam Webster），「空想性錯覺」是「在不相關的或隨機的事物（如物體或思想）之間感知一種聯繫或有意義的規律的傾向。」[1]另一種更誇張的心理傾向稱為「空想性錯視」（Pareidolia），意思是在想像中感知到一種規律或意義，而這種規律或意義實際上並不存在。你真的在披薩上面看到耶穌的臉了嗎？但「空想性錯視」的概念也有負面效果——有時候，規律和意義確實存在，並不是我們的想像。要不是試圖去尋找規律，科學家怎麼可能有無數的發現，比如達爾文發現物種的起源？許多重大發現都是從一種直覺、預感或者靈光乍現開始，之後才發現或透過實驗得出證據來證實。不過，得出結論的時候必須要謹慎，採用合理的方法或標準來評估。我們應該保持一種微妙的平衡：既不能盲目地忽略規律和意義的存在，也不能在規律和意義不存在的地方強行尋找。

「沒有任何東西可以體現黃金比例，因為它是個無理數。」

有人認為黃金比例不可能被發現或應用在物質世界的任何事物中，因為它是個無理數，小數位數無窮大。你可以發現事物中存在近似黃金比例的比例，但不可能無限精確，對吧？沒錯，物質世界中的一切都是如此。我們在現實世界中測量或建構的任何尺寸都不能精確地體現任何數字，無論是有理數還是無理數。你可以試著畫一個直徑1英寸的圓，即使1是個整數，這個圓的直徑也永遠不會是1英寸，不管是精確到小數點後1000位，甚至是10位，都做不到。在現實世界中，數字概念的應用才有意義，而不是真正精確的數字，任何事物都不需要精確到小數點後四五位以上。圓周率也是一個有無限小數位的數字，但這並不妨礙它在我們日常生活中的廣泛應用。

「你無法確定所謂黃金比例的應用是否只是你事後的分析。」

如果有人說在某處發現了黃金比例，理由只是那裡存在一個接近黃金比例的近似值，那麼這種觀點可能確實有道理。然而，在我們看到大量黃金比例以高精準度存在的實例的情況下，這個論點顯然就不成立了。如果我們只在某些人臉上發現偶然的黃金比例，那我們並不能得出結論，說整體而言人臉的結建是構立於 ϕ 的基礎上。但如果我們找到十幾個或者更多、更精確地基於 ϕ 的比例出現在數百張臉上，那麼我們很可能發現了一些有意義的東西。對自然界中所存在形態的分析研究，促成了許多科技的進步。如第三章第57頁所述，我們得出的結論可以在相關性、普遍性／重複性、準確性和簡單性上得到證實。

- **相關性**：黃金比例的出現應與該物件最突出的特徵相關。
- **普遍性**：黃金比例應出現在不止一處，而不只是巧合。
- **準確性**：出現的黃金比例應在標準資料±1%範圍內，要儘可能精確測量，並儘可能使用最高解析度的圖像。
- **簡單性**：黃金比例應以最簡單的方法應用，即藝術家或設計師最有可能使用的方法。

「它有可能只是與其相近的任何一個無理數。」

　　有些懷疑論者說，那些所謂的發現了黃金比例的例子，其實可能只是其他接近黃金比例的無數無理數中的任何一個。在這種觀點看來，我們的調查取證就像在一個無限大的草堆中尋找一根針。找到精確符合黃金比例——包括其無限的小數位——的任何東西的機率，變得無限小。事實上，只考慮四個數字的話，只有33個數字與 ϕ 相差小於1%，也就是從1.602到1.634，增量為0.001。如果考慮從1到50這些整數的所有可能的比例，有1275個比例大於等於1，但其中只有10個與 ϕ 相差小於1%。下表中就是這10個比例，費波納契數用黑體表示。

比例	小數	與 ϕ 相差
13/8	1.625	0.43%
21/13	1.615	-0.16%
29/18	1.611	-0.43%
31/19	1.632	0.84%
34/21	1.619	0.06%
37/23	1.609	-0.58%
44/27	1.630	0.72%
45/28	1.607	-0.67%
47/29	1.621	0.16%
49/30	1.633	0.95%

　　現在，想一想基於 ϕ 的克卜勒三角形。如果取1到50的整數做為直角三角形的任意兩條邊，會有2550種組合。但其中只有五個三角形的斜邊C與直角邊A的比與 ϕ 相差小於1%，如下表所示。

直角邊A（1）	直角邊B (√Φ)	斜邊C（φ）	與φ相差
8.660	11	14	-0.09%
11	**14**	**17.804**	**+.02%**
26	33	42.012	-.08%
28.983	37	47	+.22%
37	47	59.816	-.05%

注意：與φ最接近的比例是一個邊長為11和14的三角形。如果古埃及人真是使用「賽克德」來設置吉薩金字塔的比例——斜度為5.5/7（等於11/14），這意味著他們不知何故選擇了一組整數，其比例與精確的黃金比例的差異最小，相差僅為0.02%！為什麼他們會選擇這個在數學和幾何學中如此獨特，在自然和美中如此普遍的特殊比例呢？

考量資料來源

我們畢竟無法從古埃及人和希臘人、達文西、秀拉、大地之母或上帝那裡得到一份簽名供詞或宣誓書，證實他們在創作中應用了φ。我們必須根據最準確的、最完備的證據，得出最符合邏輯的、最合理的結論。當然，我們也應該考慮這些證據的來源。他們的動機是什麼？是怎樣的個人觀點或意識形態影響到了他們？真正意義上的客觀性雖不存在，但有些人在特定領域花了無數的時間來鑽研，讓自己在數學、建築學或設計方面確立可信的權威。那些花時間認真研究他們各自領域中的黃金比例，同時表現出對新觀點的開放態度的專家，是最有資格就本書的主題發表意見的人。你要確保你用到的資料來源能夠提供給你準確且全面的資訊。另外，請記住：正如大多數藝術家和設計師不是高等數學專家一樣，大多數數學家也不是藝術和設計史專家。

結論

所以，如果你想繼續鑽研這個主題，請記得你有歷史上最偉大的藝術家和科學家與你為伴。你會發現你對更多的領域產生興趣，也會認識和瞭解比你所能想像的更廣泛的各類人士和各種觀點。享受這段旅程吧！

黃金幾何作圖

　　歐幾里得時期，幾何作圖的工具僅限於圓規和直尺。歐幾里得這位古希臘數學家為未來兩千年的數學教育奠下基石的名著——《幾何原本》———一書中出現的就是這類「純手工」的幾何圖形。事實證明，僅用上述簡單的工具，就可以用數種方法獲得黃金比例。以下是可用直尺和圓規繪製的兩種最常見的幾何圖形：

　　1. 畫一線段AB。

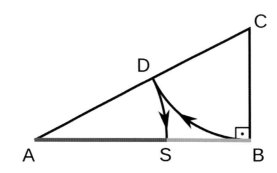

　　2. 畫一垂直於AB的線段BC，長度為AB的一半。

　　3. 連接AC，形成一個三角形。

　　4. 以C為圓心，BC為半徑畫一條弧線，使其與斜邊AC相交於D。

　　5. 以A為圓心，AD為半徑畫一條弧線，使其與直角邊AB相交於S。

上述幾何圖形中，AB／AS ＝ ϕ。

下面是另外一個可用直尺和圓規完成簡單作圖的幾何圖形：

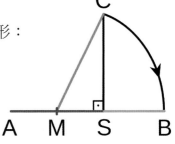

　　1. 畫一線段AS。

　　2. 畫一垂直於AS的線段SC，長度等於AS。

　　3. 取AS的中點M。

　　4. 以中點M為圓心，MC為半徑畫一條弧線，使其與AS的延長線相交於B。

上述幾何圖形中，AB/AS = ϕ。

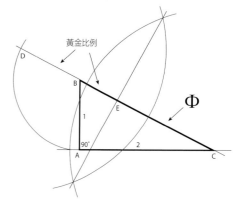

用幾何表達 $(1+\sqrt{5})/2$

我們在第42頁說過，黃金比例用數學來表達是 $(1+\sqrt{5})/2$。幾何學家史考特・比區（Scott Beach）發明了一種用幾何來表達的方法：

要繪製這個幾何圖形，請遵照以下步驟：

1. 跟上一頁的第一個幾何圖形一樣，先建構一個直角三角形ABC，直角邊AB長度為1，AC長度為2。（根據畢氏定理，可得出斜邊BC長度為$\sqrt{5}$。）

2. 延長CB至D，BD長度為1。

3. 取CD的中點E。

得到的就是$(1+\sqrt{5})/2$的幾何表達。線段CD長度為$1+\sqrt{5}$，也就是說，CE的長度為$(1+\sqrt{5})/2$，即ϕ。此外，DB/BE = ϕ。

圓形

在數學家之間似乎有一種「競爭」，那就是看誰能用最少的線段建構出黃金比例，或者用最少的線段得到更多的黃金比例。以下是幾個巧妙地以圓形來建構的幾何圖形。

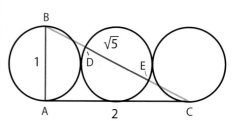

三圓相接

1. 在一條直線上方用圓規畫三個彼此相接的圓（兩兩相切而不重疊）。首尾兩圓的底部連線為線段AC，長度為2。

2. 從第一個圓的頂端B到第三個圓的底部C連線，得到線段BC。

3. 連接AB，得到一個三角形。

4. BC與第二個圓的左側的交點為D。

5. BC與第二個圓的右側的交點為E。

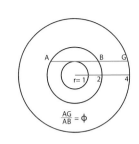

上述幾何圖形中，DE／BD＝DE／EC＝φ。

三個同心圓

1. 畫三個同心圓，半徑之比為1：2：4。

2. 畫線段AG，使之與最內側的圓的頂端相切，與中間和最外側的圓相較於A和G。

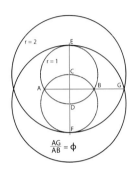

重疊圓

2002年，奧地利藝術家兼作曲家庫爾特‧霍夫斯泰特（Kurt Hofstetter）在《幾何圖形論壇》雜誌（Forum Geometricorum）上發表了這個圖形，僅用到四個重疊的圓和一個線段：

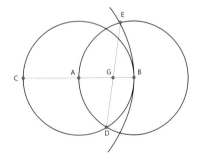

1. 用圓規畫兩個相互重疊的圓，兩個圓心（C和D）決定彼此的半徑。

2. 以C和D為圓心再畫兩個大圓，半徑為小圓的2倍。

3. 畫線段AG，起點為兩個小圓的左側交點A，終點為兩個大圓的右側交點G，如圖所示。

以下是霍夫斯泰特建構的另一個幾何圖形：

1. 以A為圓心畫一個圓。

2. 取這個圓最右側的點B，以B為圓心畫圓，使之經過點A。

3. 取第一個圓最左側的點C。

4. 以C為圓點畫一條弧線，使之經過點B。

5. 取弧線與第二個圓上方的交點E，連接E與兩圓下方的交點D，得到線段ED。

6. 最後，連接AB，取AB和ED的交點G。

上述幾何圖形中，AB／AG＝φ。

矩形

這個黃金幾何圖形就是常說的「十二矩形」，即「動態矩形」。它是僅用圓規和直尺，以一個正方形為基礎建構的一系列矩形。「十二矩形」中的黃金矩形（長為$1/2+\sqrt{5}/2=\phi$，寬為1）原文又名「Auron」（取自拉丁文詞根Aur-，意為「黃金」）。「十二矩形」提供了一個有用的設計工具。數百年來，無數藝術家和匠人利用它來創作和諧的形象，完全不必再進行複雜的計算或者使用別的測量工具。「十二矩形」中還包括「對角矩形」（Diagon，長寬比為$\sqrt{2}$）、「四角矩形」（Quadriagon，長寬比為$1/2+\sqrt{2}/2$）、半對角矩形（Hemidiagon，長寬比為$\sqrt{5}/2$）。關於如何將「十二矩形」做為設計法則來應用，你可以在這個網站上找到案例：www.timelessbydesign.org。這是職業畫家瓦里·傑生（Valrie Jensen）營運的一個網站。

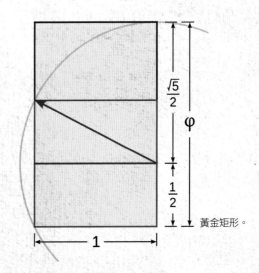

黃金矩形。

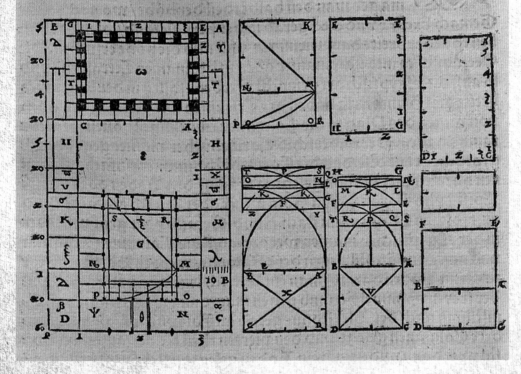

掃描自維特魯威名著《建築十書》最早的德文譯本（1575年）。上方和中間的即為「對角矩形」。

延伸閱讀與註釋

本書中的資訊來源結合各種原創研究：包括拜訪我的網站（www.goldenumber.net、www.phimarix.com）的網友的討論、原創訪談、線上資源以及相關書籍。維基百科（Wikipedia.com）可以進一步研究各種數學相關課題的很不錯的網站，此外還有許多出色的線上資源，內容更專注於數學及其歷史上，包括：蘇格蘭聖安德魯斯大學的「數學史導師」資料庫（MacTutor History of Mathematics，網址：http://www-groups.dcs.st-and.ac.uk~history/index.html）和沃夫朗線上數學百科全書（Wolfram MathWorld，網址：http://mathworld.wolfram.com/）。

推薦書目：

Herz-Fischler, Roger. *A Mathematical History of the Golden Number*. New York: Dover Publications, 1998.

Huntley, H. E., *The Divine Proportion: A Study in Mathematical Beauty*. New York: Dover Publications, 1970.

Lawlor, Robert. *Sacred Geometry: Philosophy and Practice*. London: Thames and Hudson, 1982.

Livio, Mario. *The Golden Ratio: The Story of Phi. The World's Most Astonishing Number*. New York: Broadway Books, 2002.

Olsen, Scott A. *The Golden Section: Nature's Greatest Secret*. Glastonbury: Wooden Books, 2009.

Skinner, Stephen. *Sacred Geometry: Deciphering the Code*. New York: Sterling, 2006.

引言

1. "Internet users per 100 inhabitants 1997 to 2007," *ICT Indicators Database, International Telecommunication Union (ITU)*, http://www.itu.int/ITU-D/ict/statistics/ict/.
2. "ICT Facts and Figures 2017," Telecommunication Development Bureau, *International Telecommunication Union (ITU)*, https://www.itu.int/en/ITU-D/Statistics/Pages/facts/default.aspx.
3. "History of Wikipedia," *Wikipedia*, https://en.wikipedia.org/wiki/History_of_Wikipedia.
4. Roger Nerz-Fischler, *A Mathematical History of the Golden Number* (New York: Dover, 1987), 167.
5. Mario Livio, *The Golden Ratio: The Story of Phi. The World's Most Astonishing Number* (New York: Broadway Books, 2002), 7.
6. David E. Joyce, "Euclid's Elements: Book VI: Definition 3," Department of Mathematics and Computer Science, Clark University, https://mathcs.clarku.edu/~djoyce/elements/bookVI/defVI3.html.

第一章

1. As quoted by Karl Fink, Geschichte der Elementar-Mathematik (1890), translated as "A Brief History of Mathematics" (Chicago: Open Court Publishing Company, 1900) by Wooster Woodruff Beman and David Eugene Smith. Also see Carl Benjamin Boyer, *A History of Mathematics* (New York: Wiley, 1968).
2. "Timaeus by Plato," translated by Benjamin Jowett, The Internet Classics Archive, http://classics.mit.edu/Plato/timaeus.html.
3. These passages and illustrations were recreated and edited based on the translations and content at David E. Joyce, "Euclid's Elements," Department of Mathematics and Computer Science, Clark

University, https://mathcs.clarku.edu/~djoyce/elements/elements.html.

4. Roger Nerz-Fischler, *A Mathematical History of the Golden Number* (New York: Dover, 1987), 159.

5. Eric W. Weisstein, "Icosahedral Group," MathWorld—A Wolfram Web Resource, http://mathworld.wolfram.com/IcosahedralGroup.html.

6. Ibid.

第二章

1. As quoted at "Quotations: Galilei, Galileo (1564-1642)," Convergence, Mathematical Association of America, https://www.maa.org/press/periodicals/convergence/quotations/galilei-galileo-1564-1642-1.

2. Jacques Sesiano, "Islamic mathematics," in Selin, Helaine; D'Ambrosio, Ubiratan, eds., *Mathematics Across Cultures: The History of Non-Western Mathematics* (Dordrecht: Springer Netherlands, 2001), 148.

3. J.J. O'Connor and E.F. Robertson, "The Golden Ratio," School of Mathematics and Statistics, University of St Andrews, Scotland, http://www-groups.dcs.st-and.ac.uk/history/HistTopics/Golden_ratio.html.

4. French-born mathematician Albert Girard (1595-1632) was the first to formulate the algebraic expression that describes the Fibonacci sequence ($f_{n+2} = f_{n+1} + f_n$) and link it to the golden ratio, according to Scottish mathematician Robert Simson, "An Explication of an Obscure Passage in Albert Girard's Commentary upon Simon Stevin's Works (*Vide Les Oeuvres Mathem. de Simon Stevin, a Leyde,* 1634, p. 169, 170)," *Philosophical Transactions of the Royal Society of London* 48 (1753-1754), 368-377.

5. James Joseph Tattersall, *Elementary Number Theory in Nine Chapters* (2nd ed.), (Cambridge: Cambridge University Press, 2005), 28.

6. Mario Livio, *The Golden Ratio: The Story of Phi. The World's Most Astonishing Number* (New York: Broadway Books, 2002), 7.

7. Many interesting patterns associated with the Fibonacci sequence can be found at Dr. Ron Knott, "The Mathematical Magic of the Fibonacci Numbers," Department of Mathematics, University of Surrey, http://www.maths.surrey.ac.uk/hosted-sites/R.Knott/Fibonacci/fibmaths.html#section13.1.

8. Jain 108, "Divine Phi Proportion," Jain 108 Mathemagics, https://jain108.com/2017/06/25/divine-phi-proportion/.

9. This pattern was first described and illustrated by Lucien Khan, and the graphic below was recreated based on his original design.

10. J.J. O'Connor and E.F. Robertson, "The Golden Ratio."

第三章

1. This is possibly a paraphrase of his philosophical reflections on the prime importance of mathematics.

2. As quoted in Mario Livio, *The Golden Ratio: The Story of Phi. The World's Most Astonishing Number* (New York: Broadway Books, 2002), 131.

3. Richard Owen, "Piero della Francesca masterpiece 'holds clue to 15th-century murder'," *The Times,* January 23, 2008.

4. "The Ten Books on Architecture, 3.1," translated by Joseph Gwilt, Lexundria, https://lexundria.com/vitr/3.1/gw.

5. Jackie Northam, "Mystery Solved: Saudi Prince is Buyer of $450M DaVinci Painting," *The Two-Way*, December 7, 2017, https://www.npr.org/sections/thetwo-way/2017/12/07/569142929/mystery-solved-saudi-prince-is-buyer-of-450m-davinci-painting.

6. J.J. O'Connor and E.F. Robertson, "Quotations by Leonardo da Vinci," School of Mathematics and Statistics, University of St Andrews, Scotland, http://www-history.mcs.st-andrews.ac.uk/Quotations/Leonardo.html. Quoted in Des MacHale, Wisdom (London: Prion, 2002).

7. "Nascita di Venere," Le Gallerie degli Uffizi, https://www.uffizi.it/opere/nascita-di-venere.

第四章

1. "Georges-Pierre Seurat: Grandcamp, Evening," MoMA.org, https://www.moma.org/collection/works/79409.

2. deIde, "allRGB," https://allrgb.com/

3. Mark Lehner, *The Complete Pyramids* (London: Thames & Hudson, 2001), 108.

4. H. C. Agnew, *A Letter from Alexandria on the Evidence of the Practical Application of the Quadrature of the Circle in the Configuration of the Great Pyramids of Gizeh* (London: R. and J.E. Taylor, 1838).

5. John Taylor, *The Great Pyramid: Why Was It Built? And Who Built It?* (Cambridge: Cambridge University Press, 1859).

6. The Palermo Stone, which is dated to the Fifth Dynasty of Egypt (c. 2392–2283 BCE), contains the first known use of the Egyptian royal cubit to describe Nile flood levels during the First Dynasty of Egypt (c. 3150–c. 2890 BCE).

7. D. I. Lightbody, "Biography of a Great Pyramid Casing Stone," *Journal of Ancient Egyptian Architecture* 1, 2016, 39–56.

8. Glen R. Dash, "Location, Location, Location: Where, Precisely, are the Three Pyramids of Giza?" Dash Foundation Blog, February 13, 2014, http://glendash.com/blog/2014/02/13/location-location-location-where-precisely-are-the-three-pyramids-of-giza/.

9. Leland M. Roth, *Understanding Architecture: Its Elements, History, and Meaning* (3rd ed.) (New York: Routledge, 2018).

10. Chris Tedder, "Giza Site Layout," last modified 2002, https://web.archive.org/web/20090120115741/http://www.kolumbus.fi/lea.tedder/OKAD/Gizaplan.htm.

11. Henutsen was described as a "king's daughter" by the Inventory Stela discovered in 1858, but most Egyptologists consider it a fake.

12. Theodore Andrea Cook, *The Curves of Life* (New York: Dover Publications, 1979).

13. "Statue of Zeus at Olympia, Greece," 7 Wonders, http://www.7wonders.org/europe/greece/olympia/zeus-at-olympia/

14. Guido Zucconi, *Florence: An Architectural Guide* (San Giovanni Lupatoto, Italy: Arsenale Editrice, 2001).

15. PBS, "Birth of a Dynasty," *The Medici: Godfathers of the Renaissance*, March 30, 2009, https://www.youtube.

com/watch?v=9FFDJK8jmms.

16. Matila Ghyka, *The Geometry of Art and Life* (2nd ed.) (New York: Dover Publications, 1977), 156.

17. Michael J. Ostwald, "Review of Modulor and Modulor 2 by Le Corbusier (Charles Edouard Jeanneret)," Nexus *Network Journal*, vol. 3, no. 1 (Winter 2001), http://www.nexusjournal.com/reviews_v3n1-Ostwald.html.

18. "United Nations Secretariat Building," Emporis, https://www.emporis.com/buildings/114294/united-nations-secretariat-building-new-york-city-ny-usa.

19. Richard Padovan, *Proportion: Science, Philosophy, Architecture* (New York: Routledge, 1999).

20. "Fact Sheet: History of the United Nations Headquarters," Public Inquiries, UN Visitors Centre, February 20, 2013, https://visit.un.org/sites/visit.un.org/files/FS_UN_Headquarters_History_English_Feb_2013.pdf.

21. "DB9," Aston Martin. Last modified 2014. https://web.archive.org/web/20140817055237/http:/www.astonmartin.com/en/cars/the-new-db9/db9-design.

22. "Star Trek: Designing the Enterprise," Walter "Matt" Jeffries, http://www.mattjefferies.com/start.html.

23. Darrin Crescenzi, "Why the Golden Ratio Matters," *Medium*, April 21, 2015, https://medium.com/@quick_brown_fox/why-the-golden-ratio-matters-583f6737c10c.

24. Ibid.

第五章

1. Stephen Marquardt, *Lecture to the American Academy of Cosmetic Dentistry*, April 29, 2004

2. Richard Padovan, *Proportion: Science, Philosophy, Architecture* (New York: Routledge, 1999).

3. Scott Olsen, *The Golden Section: Nature's Greatest Secret* (Glastonbury: Wooden Books, 2009).

4. Alex Bellos, "The golden ratio has spawned a beautiful new curve: the Harriss spiral," *The Guardian*, January 13, 2015, https://www.theguardian.com/science/alexs-adventures-in-numberland/2015/jan/13/golden-ratio-beautiful-new-curve-harriss-spiral.

5. "Insects, Spiders, Centipedes, Millipedes," National Park Service, last updated October 17, 2017, https://www.nps.gov/ever/learn/nature/insects.htm.

6. Eva Bianconi, Allison Piovesan, Federica Facchin, Alina Beraudi, et al, "An estimation of the number of cells in the human body," *Annals of Human Biology* 40, no. 6 (2013): 463-471, https://www.tandfonline.com/doi/full/10.3109/03014460.2013.807878.

7. Richard R. Sinden, *DNA Structure and Function* (San Diego: Academic Press, 1994), 398.

8. "Chromatin," modENCODE Project, last updated 2018, http://modencode.sciencemag.org/chromatin/introduction.

9. Edwin I. Levin, "The updated application of the golden proportion to dental aesthetics," *Aesthetic Dentistry Today* 5, no. 3 (May 2011).

第六章

1. Ari Sihvola, "Ubi materia, ibi geometria," Helsinki University of Technology, Electromagnetics Laboratory Report Series, No. 339, September 2000, https://users.aalto.fi/~asihvola/umig.pdf.

2. J. P. Luminet, "Dodecahedral space topology as an explanation for weak wide-angle temperature correlations in the cosmic microwave background," *Nature* 425 (October 9, 2003) 593-595.

3. Dr. David R. Williams, "Moon Fact Sheet," NASA, last updated July 3, 2017, https://nssdc.gsfc.nasa.gov/planetary/factsheet/moonfact.html.

4. Dr. David R. Williams, "Venus Fact Sheet," NASA, last updated December 23, 2016, https://nssdc.gsfc.nasa.gov/planetary/factsheet/venusfact.html.

5. Mercury, the innermost planet, has an orbital period of 87.97 days, about .2408 of one Earth year. This number varies only 2.0% from $1/\Phi^3$. Saturn, the outermost visible planet, has an orbital period of 10759.22 days, which is 29.4567 times one Earth year. This number varies only 1.5% from $\Phi 7$. These are, perhaps, just coincidences, but while we're at it here's one more: Take the ratio of the mean distance from the sun of each planet from Mercury to Pluto (yes, we know) to the one before it. Start with Mercury as 1 and throw in Ceres to represent the asteroid belt. The average of these relative distances is 1.6196, a variance of less than 0.1% from Φ.

6. John F. Lindner, "Strange Nonchaotic Stars," *Physical Review Letters* 114, no. 5 (February 6, 2015).

7. P. C. W. Davies, "Thermodynamic phase transitions of Kerr-Newman black holes in de Sitter space," *Classical and Quantum Gravity* 6, no. 12 (1989): 1909-1914. DOI: 10.1088/0264-9381/6/12/018.

8. N. Cruz, M. Olivares, & J. R. Villanueva, *European Physical Journal C*, no 77 (2017): 123. https://doi.org/10.1140/epjc/s10052-017-4670-7

9. J.A. Nieto, "A link between black holes and the golden ratio" (2011), https://arxiv.org/abs/1106.1600v1.

10. L. Bindi, J. M. Eiler, Y. Guan et al., "Evidence for the extraterrestrial origin of a natural quasicrystal," *Proceedings of the National Academy of Sciences* 109, no. 5 (January 1, 2012): 1396-1401, https://doi.org/10.1073/pnas.1111115109.

11. Eric W. Weisstein, "Icosahedral Group," MathWorld—A Wolfram Web Resource, http://mathworld.wolfram.com/IcosahedralGroup.html.

12. R. Coldea, D. A. Tennant, E. M. Wheeler et al., "Quantum criticality in an Ising chain: experimental evidence for emergent E8 symmetry," *Science* 327 (2010): 177-180.

13. See "2004 Dow Jones Industrial Average Historical Prices / Charts" at http://futures.tradingcharts.com/historical/DJ/2004/0/continuous.html.

14. See "2008 Dow Jones Industrial Average Historical Prices / Charts" at http://futures.tradingcharts.com/historical/DJ/2008/0/continuous.html.

15. Vladimir A Lefebvre, *A Psychological Theory of Bipolarity and Reflexivity* (Lewiston, NY: Edwin Mellen Press, 1992).

附錄A

1. "Apophenia," Merriam-Webster Online, https://www.merriam-webster.com/dictionary/apophenia.

銘謝

最早是在1997年，我在自己架設的另一個網站上寫了幾頁關於黃金比例的文字。我當時只是想學習如何在網路上發表文章，萬萬沒想到會引起後續反響：世界各地、各行各業的人開始聯繫我，表達了他們對這個話題共同的興趣。2001年，我獲得了一個獨立的網域名稱goldenumber.net，接下來的事更令我驚訝：這個網站在搜尋引擎排名中名列前茅，每年的訪問人次超過100萬次，有的網友提出疑問，有的網友給予解答，逐漸形成了一個以黃金比例為主題的線上交流社群。我在這邊認識了許多新朋友，我的家人也發現，我將愈來愈多的時間和興趣專注於此。雖然包含於本書中我所能掌握的內容，僅僅是關於黃金比例浩瀚知識的一小部分；但在我醉心研究的過程中，獲得了太多太多人的幫助，多到我無法在此一一列名感謝他們。有些人我已經在我網站上的「貢獻者」頁面上提及，但我還是想特別感謝一下那些為這本書成功問世給予我最大支援的人：

凱西‧邁斯納（Kathy Meisner），我的妻子、夥伴和最好的朋友，在我為這本書花費的大量時間裡，她的愛和支持對我至關重要。凱西是一位優秀的作者和出版作家，在這本書的成書和出版過程中自始至終給予我各方面的專業意見，為我提供了寶貴的建議、想法和指導。我的女兒茱莉‧邁斯納（Julie Meisner）和凱蒂‧萊格特（Katie Leggett），對她們那醉心於在網路上與同好交流的父親表現了她們的愛與欣賞，從不吝於給予我鼓勵，在我需要黃金比例的分析照片時還擺姿勢讓我拍照。羅伯特‧邁斯納（Robert Meisner）和凱薩琳‧邁斯納（Kathleen Meisner），我的父母，感謝他們的愛與支持，以及他們所賜予我的生命。

史蒂芬‧馬夸特博士（Stephen R. Marquardt），全球公認的臉部整形專家，發明了基於黃金比例的馬夸特面具，為我們理解人類吸引力做出了不可估量的貢獻，感謝他給予我的友誼、知識份子之間的友愛、靈感、建議與支持。艾迪‧萊文博士（Eddy Levin），就黃金比例在牙科整形中的應用做出了突出貢獻，感謝他的友愛、洞見與支持。梅蘭妮‧馬登（Melanie Madden），我的編輯，感謝她用出色的編輯能力給予我專業的指導，更因她的智慧和好奇心，為這本書帶來了一些嶄新的內容，也讓我挑戰去調查一些先前未曾探索過的領域，使本書的內容更加準確、完整。在撰寫此書的最後一年裡，我所學到關於這個問題的知識，比我一開始預料的要多得多。

感謝Quarto出版集團和RacePoint行銷公司對我的興趣和信心，選擇我做為他們這個選題的作者，並提供專業團隊援助，讓黃金比例在這本書中能有專業的、充滿藝術感的呈現。感謝拉斐爾‧阿勞霍（Rafael Araujo）為本書的封面和各章首頁創作的精彩插圖。

感謝上帝，打開我的心胸、頭腦和眼睛，讓我能看到我們周圍以及我們自身的美和奇蹟。

圖片版權

除另有說明，書中所有涉及黃金比例格線的圖片版權歸屬為©蓋瑞·邁斯納（Gary Meisner）/ 黃金比例分析軟體PhiMatrix。

©**布里奇曼創意圖片資源網站（Bridgeman Images）**，20–21、40–41、80–81。

©**蓋瑞·邁斯納（Gary Meisner）**，12（底部）、108（底部）、120、128–129、134、137–139、154、157–159、166–169、184、199–200。

維基媒體基金會（Wikimedia Foundation）提供：

8、12、16（左；圖片來源：Wellcome）、17（底部）、18、19（右圖圖片來源：福爾傑莎士比亞圖書館數位圖像資源庫）、27、29、30、32（來自網友「DTR」）、33（來自網友「Levochik」）、38、39（圖片來源：牛津大學博多利圖書館）、43（來自網友「Sailko」）、45（圖片來源：Wellcome）、47（底部；圖片來源：Silverhammermba & Jahobr）、49（來自網友「Parcly Taxel」）、50（圖片來源：Wellcome）、56（圖片來源：Alexander Baranov）、58、60–61、63–65、66–67、68–69、73、74–79、82–83、84（底部；來自網友「Qypchak」）、85–87、94（圖片來源：美國國會圖書館）、97（來自網友「Nephiliskos」）、98（來自網友「Theklan」）、102–104、106、108、110（圖片來源：Rafa Cha gasiewicz）、111–112、114（最右；來自網友「DXR」）、115–116（來自網友「Fczarnowski」）、118（圖片來源：Dennis Jarvis）、119（圖片版權：©Yann Forget / Wikimedia Commons / CC-BY-SA-3.0）、120–125、127（下圖圖片來源：Manfred Brückels；上圖來自網友「AbseitsBerlin」）、136（圖片來源：Tarisio Auctions）、145（左；圖片來源：Wellcome）、146（底部；來自網友「Cmglee」）、150、152（右下；圖片來源：生物多樣性歷史文獻圖書館）、153、154（右上；來自網友「Prokofiev」）、156、160（圖片來源：美國國家航空暨太空總署）、161（左上；圖片來源：美國國家航空暨太空總署、Hubble Heritage哈伯天體研究組）、172（來自網友「Mauroesguerroto「）、174（左；圖片來源：Wolfgang Sauber）、177、182、185、187（來自網友「Rursus」）、188（圖片來源：美國國家航空暨太空總署）、191（圖片來源：美國國家標準與技術協會Phillip Westcott）、192（頂端圖片來自網友「Pbroks13」；底部圖片來源：美國能源部）、193（右上，來自網友「Jgmoxness」；左上與底部，來自網友「Patrickringgenberg」）、196（來自網友「Jgmoxness」/蓋瑞·邁斯納）。

©**奧利弗·布萊迪（Oliver Brady）**，13
©**保羅·斯坦哈特（Paul Steinhardt）**，194
©**菲力浦·布坎南（Philip Buchanan）**，29
©**拉斐爾·阿勞霍（Rafael Araujo）**，6、14–15、36–37、54–55、90–91、142–143、 180–181、扉頁
©**Shutterstock圖庫**，31、46–47、57、61、71、80–81、88–89、92–93、105、107、110、113、116–117、121、131、133、135（圖片來源：Shutterstock/GR）、144、147、148 （圖片來源：Shutterstock / Andrea Miller）、149、151–152、154–155、161–165、170–171、174–176、178、 183、190、194–195、197–198、203–204、207。

索引 （按中文筆劃排序）